# *tomate*

**TOMATO · SUHSEUNGHO**

*the mentoring cookbook*

# Contents

출판의 의사를 나눔이 꽤 오래전이었고
인연의 답은 시간이 지날수록 명확해졌다.
관례에서 벗어나 실행되는 방법 그대로 담아보자는
마음이 서로에게 깊은 공감의 울림을 주며 시작된
작업들.

주제를 요리로 표현할 때 정직한 재료와 단순한
조리를 첫 번째로 추구했고 두 번째로는 시간과
경험을 이해하고 활용하는 것을 보여주고자 했다.
마지막으로 지식의 나눔과 공감이 아낌없이 담겨
있는 우리 삶의 부분 부분을 함께 느껴보길 바랐다.

음식이 아니었으면 존재하지 않았을 수많은 인연,
현실과 다른 세계에 살아오며 부족함과 아쉬움을
느꼈던 순간들을 돌아보니 너무나 고맙고 소중하고
미안하고 감사하다.

나이테처럼 시간을 돌아보며 만들어진 소소한
부분들이지만 작은 글귀 하나라도
씨앗이 되어 더 큰 나무가 되기를 바라며
2019년 여름을 마친다.


*Restaurant Siot & SUHSEUNGHO*

### 왜 이 책을 만들었을까?

어느 누구나 살면서 감각이 제일 좋은 시기가 있다고 하는데 대부분 이 시기를
자의든 타의든 지나쳐 버린다. 생각과 손의 느낌은 절정에 이르렀으나 부서지는
몸을 보며 더 이상 늦어지면 안 될 것 같다는 판단을 했고, 지나온 시간에 대해
기록을 하기 시작했다. 기록할 때 손의 감각과 마음이 일치해야 표현에도 확신이
생기는데 이제야 비로소 좋은 느낌이 충만하다. 짐으로 이고 가지 않을 생각에
마음껏 풀어놓으니 어느 누구라도 보았으면 하고 누군가에게는 조금이라도 더
나아지는 계기가 되었으면 하는 바람이다.

### 어떻게 보면 좋을까

음식을 한 번 보고 단번에 만들 수 있게 된다면 얼마나 좋을까?
현실은 그렇지 않다. 한 번 볼 때마다 조금씩 더 보이고 더 다듬어지니 과정의
반복과 스스로의 교정을 잊지 않았으면 한다. 보이지 않는 암시와 연속성이
곳곳에 담겨 있으니 연결 고리를 찾는 것 또한 책 속에 숨겨놓은 '보물찾기' 이다.
부디 불필요한 욕심을 내지 말고 부분별로 보고 또 보기를 바란다.

### 만남

책은 주인을 잘 만나면 헌책이 되고 주인을 잘못 만나면 영원히 새 책으로 남기에
적어도 열 번 이상은 읽어줄 독자였으면 한다. 굳이 구분할 필요는 없지만 음식
분야의 전문가나 관심 있는 분들 그리고 요리를 배우는 학생들 모두에게 방법의
차이를 알 수 있는 대상이 되어도 좋고 경험과 지혜의 노력을 함께 공유하는 한
페이지 한 페이지가 되었으면 한다.

> "
> 프랑스 요리 책을 준비하면서 실제로 사용하는 조리 용어와 조리법, 감각의
> 느낌을 어떻게 자연스럽게 전달 해야 할지 계속되는 고민이 있었습니다. 익숙하지
> 않거나 한글로 표기 자체가 불가능한 발음에서 오는 부자연스러움도 있었습니다.
> 원어 표기는 프랑스 현장에서 사용하는 조리 용어를 기본으로 했고 한글 표기는
> 국립국어원 외래어 표기법을 따랐습니다. 그 외에는 일상적으로 쓰이는 조리 용어를
> 사용했으니 이해와 참고를 부탁드립니다.
> "

PART 1

Mise en Place
요리의 준비와 시작

*Sel & Poivre* 소금과 후추

*Herbes* 계절에 따라 달라지는 허브들

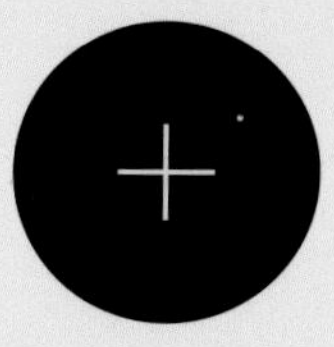

*Beurre & Huile* 버터와 오일

*Ciseler un Oignon* 양파 찹

## 시작이 반이라는 말이 있다

어떤 재료가 주어져도, 어떤 손님이 방문해도
준비만 완벽하면 무슨 음식이든 할 수 있고
또 수많은 기회가 주어진다.
하지만 준비가 안 된 상황에서는
아무리 훌륭한 요리사라도 실수할 수밖에 없고
준비하지 않는 습관은 개인의 문제일 뿐만 아니라
팀이나 레스토랑의 운명을 좌우할 수 있다.

## 기초가 기본이고 기본이 기술이다

기초가 없는 기본은 준비가 안 된 시작과 같고
기본이 없는 기술은 쌓지 못하는 탑과 같다.
기초나 기본이 중요하다고 하지만
현실적으로 기초를 다지는 일은 쉽지 않다.
현실과 타협하고 기초를 튼튼히 하는 노력을 멈춘다면
수많은 오류가 생겨 결국 제자리에서 다시 시작해야 한다.
즉, 기본이 없으면 기초를 반복할 뿐이다.

# Mise en Place

**음식 맛을 좌우하며 가장 기본이 되는 소금과 후추**

소금은 종류에 따라 사용법이 다르다.
굵은소금은 밑간을 할 때나 재료를 끓는 물에서 익힐 때,
또는 요리의 마지막에 소금을 중요한 포인트로 쓸 때 사용한다.
정제염(한주소금)은 좋다, 나쁘다 여러 가지 의견이 있지만
맛이 일정하게 유지된다는 장점이 있어서 사용한다.
흑후추는 맛이 강해 다른 재료를 누를 수 있기 때문에 주의해야 한다.
백후추는 마지막에 열로 향을 올려줄 때나 신선한 풍미를
느끼고 싶을 때 쓰이며 보통 생선 요리에는 입자를 가늘게,
육류 요리에는 입자를 거칠게 사용한다.

Poivre Blanc ou
Poivre Moulin
백후추

Sel Gros ou
Fleur de Sel
굵은소금

Sel Fin +
Poivre Blanc Poudre
정제염 + 백후추가루

Sel Fin
정제염

**Persil Plat**
이탈리안 파슬리

**Ciboulette**
차이브

**Échalote**
샬롯

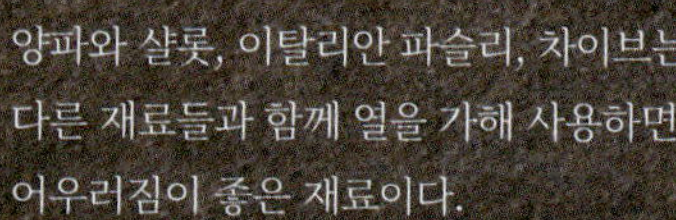

**Oignon**
양파

양파와 샬롯, 이탈리안 파슬리, 차이브는
다른 재료들과 함께 열을 가해 사용하면
어우러짐이 좋은 재료이다.

*tomate*

**허브는 예쁘거나 향이 강할수록
절대 선을 넘지 않게 사용할 것**

**계절에 따라 달라지는 허브들**

5월에는 아카시아, 6월에는 타임,
7월에는 마늘꽃과 같이 계절마다 다르게 주어지는
꽃과 맛은 음식에 감미로운 여운을 준다.

프랑스에서 지역의 특색 있는 요리는
농업 환경이나 축산과 밀접한 관계가 있었다.

예전부터 프랑스의 북부 지역은 버터를,
중부 지역은 돼지기름을, 남부 지역은 올리브유를 많이 사용했다.
세월의 흐름에 따라 유통의 발전, 건강한 식생활에 대한
인식의 변화로 돼지기름의 사용은 현저히 줄고
올리브유와 버터의 사용이 늘어나고 있다.

# *Beurre & Huile*

## 버터와 오일

여름에는 올리브유,
겨울에는 버터를 더 많이 사용한다.

Huile d'Olive
올리브유

Huile d'Arachide
식용유(땅콩기름)

Huile d'Olive Extra
엑스트라버진 올리브유

Huile d'Olive
au Citron
레몬 올리브유

huile d'olive

huile

huile d'olive
vierge extraie de citron

작은 양파에 가치를 부여하는 것은
모든 재료를 쉽게 생각하지 않는 것의 시작이다.
단순하지만 작은 일에도 노력과 정성을 다 한다면
전혀 다른 결과물과 가치로 만들어진다.

양파를 고르게 썰어야 음식과의 어우러짐이 좋아지고
더욱 가치 있는 요리가 탄생한다.

# *Ciseler un Oignon* 양파 찹

1   양파 끝은 자른다. 칼은 15도 정도 안쪽으로 넣는다.

2   칼끝으로 ⅓을 세로 썰기 한다. 칼날이 들어가는 위치는 30도 정도 기울여 시작해
    가운데쯤 오면 반듯하게 각도를 조절한다.

3   칼을 눕혀 가로 방향으로 가로 썰기를 한다.

4   가로세로로 자른 부분을 얇게 썰어낸다.

5   다시 칼끝으로 세로 썰기를 반복한다. 곱고 일정하게 썰어야 하며
    이때 검지부터 약지까지 둥글게 양파를 말아 쥐어야 배열이 흐트러지지 않는다.

6   양파 끝까지 같은 방법으로 썰어낸다. 칼은 15도 정도 기울여야 힘이 밀리지 않는다.

작은 양파는 섬세한 맛을 감추고 있다.
크기가 작은 것은 덜 큰 것이 아니라
작게 자란 것일 뿐. 밀도가 높아야 섬세한 맛이 있다.

# 소금은 맛을 내고
# 후추는 기분을 좌우한다.

가장 큰 비밀은 가장 작은 소금이었고
가장 큰 영향을 주는 것은 몇 알의 후추였다.

PART 2

Agneau & Homard
양고기와 바닷가재

## *Agneau, Pomme de Terre, Aubergin*
## 양고기, 감자, 가지

*Agneau* 프렌치 퀴진에서의 양고기

*Préparer un Canon d'Agneau* 손질법

*Mariner* 마리네이드 / *Poêler* 팬에 굽기

*Couper & Design* 컷팅과 디자인 / *Purée d'Aubergine* 가지퓌레

*Pomme de Terre* 세 가지 조리법이 들어간 감자

*Sauce Porto* 포트와인 소스

## *Homard, Chou-fleur*
## 바닷가재, 콜리플라워

*Purée* 퓌레

*Purée de Chou-fleur* 콜리플라워 퓌레

*Court-bouillon* 쿠르부용

*Décortiquer un Homard* 바닷가재 손질법

# *Agneau,*
# *Pomme de Terre,*
# *Aubergin*

## 양고기, 감자, 가지

어느 것 하나를 돋보이게 함이 아니라
양고기와 감자, 가지 퓌레
세 가지가 함께 어우러져야 비로소 완성되는 요리.

## 프렌치 퀴진에서의 양고기

양은 지역과 종교, 빈부, 기후를 초월한 식재료로 전 세계 어디에서나 존재하며 널리 키워지고 있다. 거의 모든 종교가 식용을 금하지 않고 빈부 격차를 떠나 먹을 수 있으며 각 지역의 특성에 맞는 조리법으로 다양하게 활용되는 중요한 식재료 중의 하나이다.

최근 우리나라에서도 양꼬치나 구이, 탕 등 쉽게 접할 수 있는 메뉴로 정착하고 있으며 가까운 일본에서는 징기스칸, 몽골에서는 허르헉, 인도에서는 커리, 터키에서는 케밥의 재료로 쓰인다.

프렌치 퀴진에서는 양고기를 좀 더 세분화하고 연구해 섬세한 레스토랑 음식으로 표현하기도 한다. 맛은 강하고 힘이 있으며 근육의 조직은 견고하다. 특유의 독특한 풍미가 처음에만 익숙하지 않을 뿐 익숙해지면 엄청난 매력이 있다.

양고기에 대해 조금 더 살펴보면 한 살 이하의 어린 양은 아뇨<sup>Agneau</sup>, 그 이후는 무통<sup>Mouton</sup>(양)이라 하며 성장할수록 근육의 조직은 더욱 단단해지고 지방 특유의 냄새가 강해진다. 약 2개월 정도의 아주 어린 양인 아뇨 드 레<sup>Agneau de Lait</sup>의 경우 살의 조직이 연하고 우아한 장밋빛으로 반짝이며 맑은 지방을 가지고 있다. 대체적으로 풀을 먹지만 풍부한 영양 공급원은 어미 양의 젖에 기반하고 있으며 최고로 치는 고기 중 하나이다. 어린 양고기는 주로 소테와 그릴, 로스트의 세 가지 조리법으로 쓰인다. 어린 양의 경우 스튜 요리 같은 조리법은 권하지 않는다. 부위별로 크게 에폴<sup>Épaule</sup>(양 어깨), 카레<sup>Carré</sup>(양갈비), 지고<sup>Gigot</sup>(양 다리)로 나뉘며 신선도나 개월 수 또는 부위에 따라 여러 가지 조리법이 있다.

대부분의 익힘 포인트는 교과서적으로 로제<sup>Rosé</sup>를 권하지만 Restaurant Siot & SUHSEUNGHO의 스타일은 신선도가 좋은 어린 양을 로제보다 조금 덜 익힌(=아주 잘 익힌. 단어의 해석보다는 생각의 이해가 필요함) 세냥<sup>Saignant</sup>으로 서비스한다.

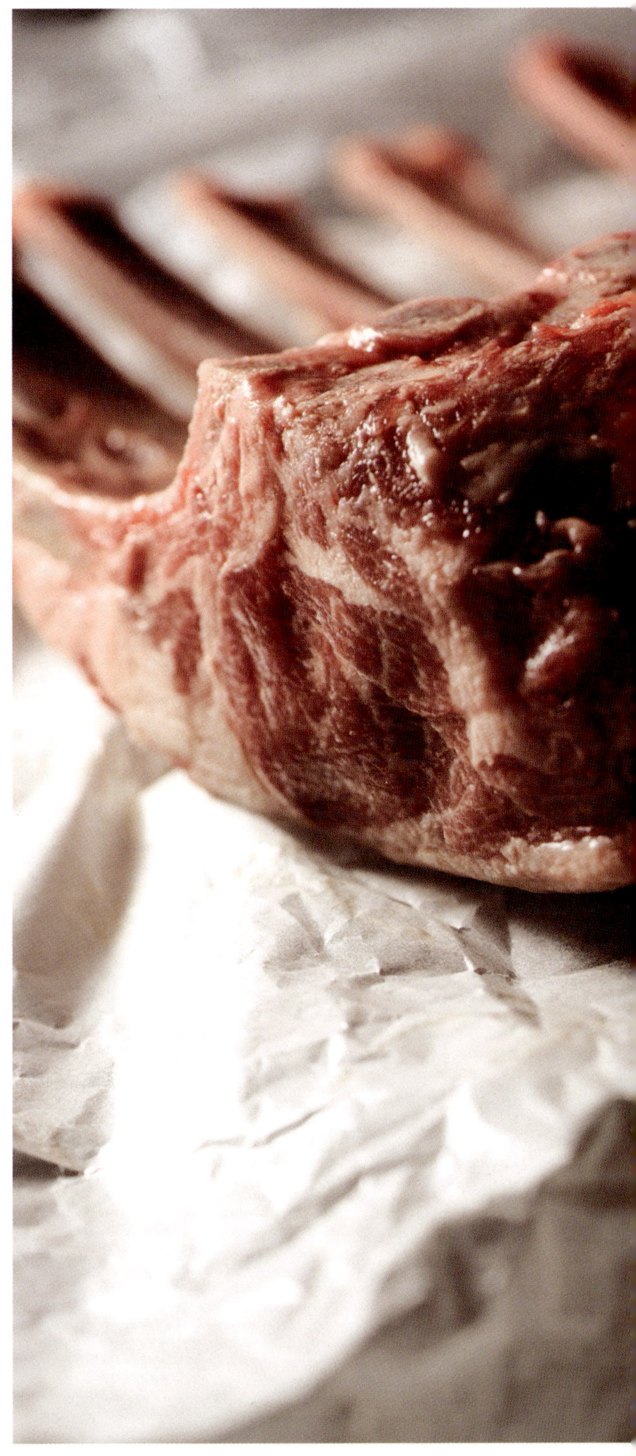

#### 양을 조리할 때

뼈가 포함된 양의 갈비와 어깨, 다리는 조리법에 따라
분리하거나 통으로 또는 일부를 함께 붙여서 조리한다.
뼈가 있을 때의 장점은 조리 후 살이 분리되지 않고
흐트러지지 않는다는 것. 고기의 원형과 탄성이 유지되어
그 맛을 온전히 느낄 수 있다. 지방의 경우 굽거나 장시간
조리할 때 살을 보호하고 특유의 고소함이 풍미를 더하는
역할을 한다.

#### 대표적인 양고기 요리

프렌치 퀴진에서 대표적인 양고기 요리를 소개하니
요리를 공부하는 사람들은 한 번씩 찾아보았으면 한다.

· *Gigot de Sept Heures*
· *Tian d'Agneau*
· *Carré d'Agneau*
· *Canon d'Agneau*
· *Navarin aux Pommes*

## 무통 Mouton(양), 아뇨 Agneau(어린 양)

프랑스에서 식용으로 판매하는 양은 아뇨 Agneau라고 부르는데 이는 어린 양을 말한다. 양고기 특유의 특징은 덜하지만 맛 자체가 훌륭하고 거의 모든 부위를 요리 재료로 쓸 수 있다. 100일 정도 된 어린 양의 평균 무게는 40~45kg 정도이며, 뼈를 제외하면 약 20~25kg 정도의 살코기를 얻을 수 있다.

√ 참고 아뇨 드 레 Agneau de Lait(아주 어린 양, 40~60일 정도)의 무게는 약 12kg 정도이다.

## LE MOUTON, L'AGNEAU

Le mouton est commercialisé en France à l'état jeune sous l'appellation d'agneau. La viande est plus fine et son goût moins prononcé. Le plus souvent, l'agneau est commercialisé entier. Un agneau de <<100 jours>> pèse environ de 40kg à 45kg et procure une carcasse de 20kg à 25kg, soit 50% à 55% de rendement.

## 지고 Gigot(양 다리) 준비하기

무게는 약 2.6~3kg 정도이며, 10~14인분의 음식을 서비스할 수 있다.

## PRÉPARER LE GIGOT

La cuisse de l'agneau s'appelle <<gigot>>. Son poids varie de 2,600kg à 3kg. Il est servi pour 10 à 14 personnes.

## 에폴 다뇨 Épaule d'Agneau(양 어깨) 준비하기

양의 어깨는 무게가 1.6~2kg 정도로 뼈와 함께 조리하거나 뼈를 제거한 뒤 고기를 잘라 스튜를 끓일 때 사용하기도 한다. 고기 손질 후 말아 모양을 낸 뒤 묶어서 로스팅 또는 그릴, 브레이징을 할 수도 있다. 어깨 살 하나로 음식 6~8인분을 서비스할 수 있다.

## PRÉPARER UNE ÉPAULE D'AGNEAU

Son poids varie de 1,600kg à 2kg. Elle peut être cuisinée telle quelle, non désossée. Une fois désossée, elle peut être découpée en morceaux pour la préparation des ragoûts (navarins). Roulée et ficelée, elle sera rôtie, poêlée ou braisée. Avec une épaule, on sert 6 à 8 personnes.

## 카레 다뇨 Carré d'Agneau(양갈비) 준비하기

양갈비는 5개의 뼈로 구성된 첫 번째 부위와 3개의 뼈로 구성된 두 번째 부위가 있다. 약 800g~1.2kg 정도로 일반적으로 4인분 정도의 음식을 서비스할 수 있다.

## PRÉPARER UN CARRÉ D'AGNEAU

Il est composé de 5 côtes premières et des 3 côtes secondes. Son poids varie de 0,800kg à 1,200kg et il est généralement servi pour 4 personnes.

# Préparer un Canon d'Agneau

## Canon d'Agneau

손질한 형태가 대포의 몸통처럼 생겼으며
뼈와 지방을 제거하고 순수하게 살코기만 있어
담백한 맛이 두드러진다.

＊ 카레 다뇨 1kg을 손질하면 350g 정도의 카논 다뇨를 얻을 수 있다.

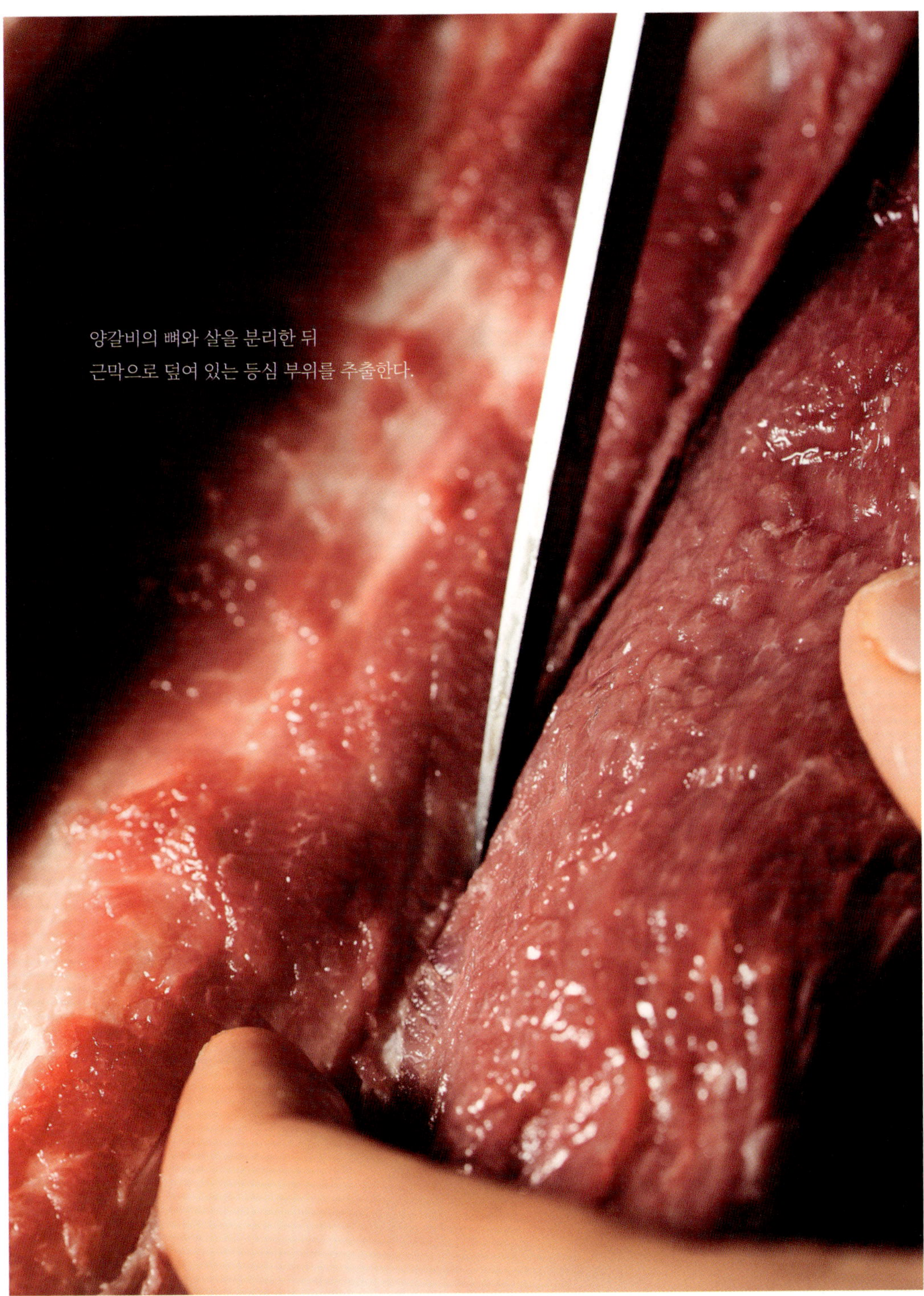
양갈비의 뼈와 살을 분리한 뒤
근막으로 덮여 있는 등심 부위를 추출한다.

마리네이드

# Mariner

양고기에 올리브유, 로즈메리, 마늘을 더해
양고기 특유의 맛과 향을 최대한 살릴 수 있다.

### —— *Huile d'Olive* 올리브유

카레 다뇨<sup>Carré d'Agneau</sup>에서 카논 다뇨<sup>Canon d'Agneau</sup>로 손질할 때는 뼈와 근막, 지방을 제거하는 과정이
필요하다. 이때 살코기가 공기와 접촉하며 생기는 변화를 막기 위해 올리브유로 코팅한다.
올리브유가 살코기 위에 새로운 막을 만들어 양고기 특유의 풍미를 최대한 유지할 수 있도록
돕는다.

### —— *Romarin* 로즈메리

로즈메리를 줄기째 사용하거나 장식하는 것을 쉽게 접하는데 로즈메리는 적은 양으로도 충분히
묘미를 낼 수 있다. 허브는 먹는 것보다 음식에 영향을 주거나 도와주는 역할을 한다는 것을
기억할 것. 꼭 필요한 만큼만 사용하자.

### —— *Ail* 마늘

허브와 오일과 고기 사이, 맛의 브리지<sup>Bridge</sup>는 마늘이다. 마리네이드할 때 마늘은 다지지(아셰<sup>Hacher</sup>)
말고 으깨는(에크라제<sup>Écraser</sup>) 방법을 권한다. 양고기의 일직선적인 강함에 으깬 마늘의 향과 맛은
마리네이드를 하거나 조리할 때 충분히 영향을 미치며 혹시 맛이 지나치게 강하면 중간에 쉽게
꺼낼 수도 있다. 으깬 마늘을 함께 익히면 가벼운 곁들임으로도 좋다.

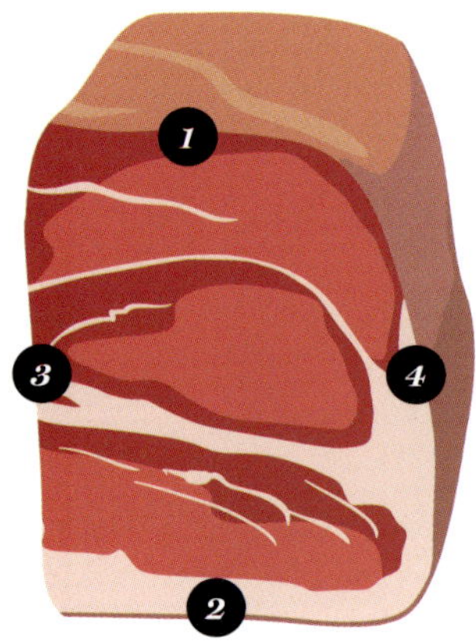

## 양 굽기

양 등심에서 가장 두꺼운 부분의 윗면부터 굽기 시작한다.(위 일러스트 상의 ❶번) 양 등심을 직사각형의 네 면으로 나누었을 때 굽는 방향을

❶ 20초 → ❷ 20초 → ❶ 15초 → ❷ 15초 → ❶ 15초 → ❷ 15초 → ❸ 15초 → ❹ 15초 → ❸ 15초 → ❹ 15초 → ❶ 15초 → ❷ 10초 → ❸ 10초 → ❹ 10초 → ❸ 10초

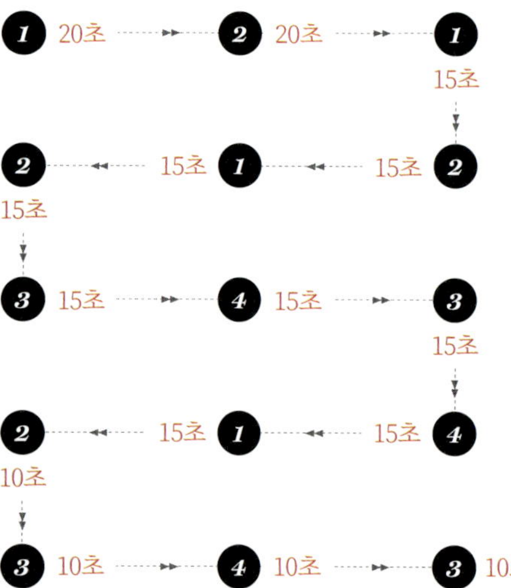

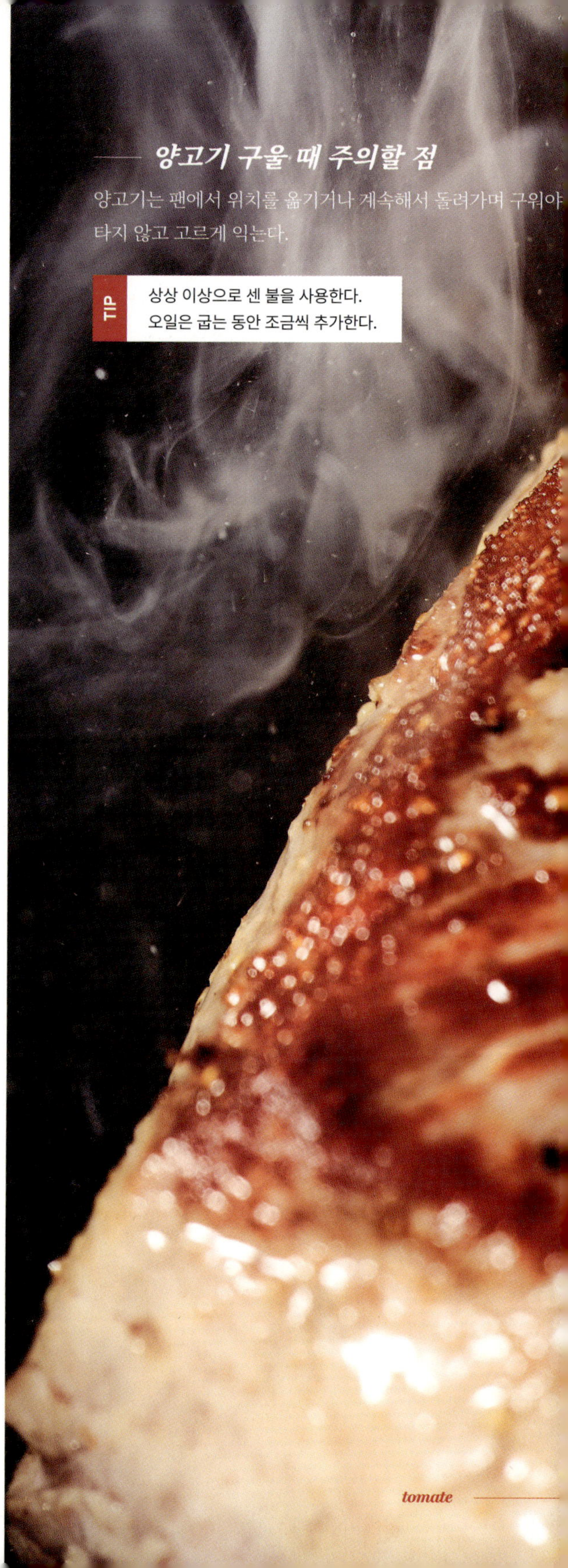

## 양고기 구울 때 주의할 점

양고기는 팬에서 위치를 옮기거나 계속해서 돌려가며 구워야 타지 않고 고르게 익는다.

**TIP**
상상 이상으로 센 불을 사용한다.
오일은 굽는 동안 조금씩 추가한다.

Poêler
팬에 굽기

고기의 맛은 결에서 나오는 쫄깃함과 부드러움,
표면의 구워진 느낌에 의해 크게 좌우되는데 써는 모양,
즉 디자인에 따라 큰 차이를 갖기도 한다.

예를 들어 1번 디자인은 가로로 썰었을 때보다 식감이 더 부드럽다.
한 면을 절개해 고기 질감이 그대로 느껴진다. 2번 디자인은 시어링된 면이
그대로 드러나 풍미가 고소하고 씹히는 식감이 매력적이다.

# Couper & Design

**Design 2.** 가로 썰기

# Purée
# d'Aubergine

## 가지 퓌레, 주연을 빛나게 해주는 조연

반으로 썰어 칼집을 낸 가지의 단면에 올리브유를 뿌린 뒤
타임과 마늘을 올린다. 이때 올리브유를 사용하는 이유는
가지의 수분이 빨리 빠져나가는 것을 돕고 안까지 풍미가
배어들도록 하기 위함이다. 식감과 맛이 농축된
구운 가지 퓌레는 형태나 맛에 있어서 일반적인 상상을 뛰어넘는
조리법으로 육류나 생선 요리의 채소 곁들임 또는 소스로
훌륭한 조화를 이룬다.

## *Caviar d'Aubergine*

가지 퓌레에 생크림을 두 번에 나누어 넣고
소금과 후춧가루로 간한다. 양고기, 푸아그라와 특히 잘 어울린다.

# Pomme de Terre

*세 가지 조리법이 들어간 감자*

감자를 원통형으로 다듬은 뒤 세 번의 조리 과정을
거친다. 첫 번째는 삶고 두 번째는 오븐에서, 마지막은
팬에서 조리한다. 그래야만 재료가 제대로 익고 각
조리법에 따른 식감과 풍미를 복합적으로 느낄 수 있다.

# *Sauce Porto*

## 포트와인 소스

농축된 맛이 주는 가치.
포트와인 외에 다른 요소가 들어가지 않았음에도 그 자체로 훌륭한 맛이 된다.

좌) 완성된 포트와인 소스
우) 조리 전 포트와인

# Agneau, Pomme de Terre, Aubergine 양고기, 감자, 가지

INGRÉDIENT

| | |
|---|---|
| *Canon d'Agneau* | 양갈비 1kg, 마늘, 로즈메리, 올리브유, 소금, 후춧가루 |
| *Purée d'Aubergine* | 가지 4개, 올리브유, 타임, 마늘 |
| *Caviar d'Aubergine* | 가지 퓌레 25g, 생크림 100ml, 소금, 후춧가루 |
| *Pomme de Terre* | 감자 1개, 굵은소금 10g, 버터, 양파 찹 |
| *Sauce Porto* | 포트와인 750ml |

## Canon d'Agneau

1   양갈비(1kg)를 준비해 뼈와 살을 분리한다.

2   뼈와 지방을 조심스럽게 분리하고 근막(실버스킨)으로 덮인 등심 부분을 추출한다.

3   등심(약 350g)의 근막을 손질한다.

4   마늘, 로즈메리, 올리브유로 마리네이드한다.

5   소금, 후춧가루로 간하고 전용 팬에 올리브유를 두른 뒤 센 불에서 단시간에 굽는다.

## Purée d'Aubergine

1   가지는 반으로 썰어 칼집을 낸다.

2   단면에 올리브유를 뿌리고 타임과 마늘을 올린다.

3   90℃로 예열한 오븐에서 2시간 정도 굽는다.

4   납작해진 가지의 과육만 긁은 뒤 고운 체에 내려 완성한다.

## Caviar d'Aubergine

1   가지 퓌레에 생크림 50ml를 넣고 약불에서 잘 풀어준다.

2   천천히 졸이다가 나머지 생크림 50ml를 넣고 농도를 맞춘다.

3   소금, 후춧가루로 마무리한다.

## Pomme de Terre

1   감자는 껍질을 벗겨 원통형으로 다듬는다. (지름 2.5cm, 높이 4cm, 무게 25g)

2   냄비에 찬물 1L, 굵은소금, 감자를 넣고 중불로 가열한다. 끓기 시작하고 3분 지나 불을 끈 뒤 2분간 기다린다. 단면을 잘랐을 때 60% 정도 익으면 된다.

3   감자를 꺼내 90℃로 예열한 오븐에 넣고 60분간 표면의 수분을 조절하며 속을 서서히 익힌다.

4   오븐의 온도를 160℃로 높인 뒤 위아래가 노릇하고 바삭한 식감이 나도록 10분간 익힌다.

5   서비스하기 전 감자를 전용 팬으로 옮겨 굴리듯이 표면을 뜨겁게 데운다. 버터와 양파를 넣고 돌려가며 익힌 뒤 마무리한다. 이때 마늘이나 허브를 넣을 수도 있다.

## Sauce Porto

1   포트와인을 팬에서 플람베한다.

2   시간을 두고 10분의 1 분량(75~100ml)이 될 때까지 서서히 졸인다.

## Dressage

1   구운 양고기를 알맞게 썰어 따뜻한 접시에 놓는다.

2   양고기 위에 가지 캐비아를 올리고 감자와 포트와인 소스를 곁들여 마무리한다.

# 디자인

음식을 마케팅할 때 경험은 물론이고
표현의 독창성과 개성이 필요하다.

우리가 말하는 디자인은
평범한 음식이 아니라
아름다운 선(線)이고 맛이다.

# Homard,
# Chou-fleur

## 바닷가재, 콜리플라워

완벽한 손질과 조리로 만들어낸 재료의 정수.
서승호 하면 떠오르는 음식과 맛.

# *Purée*

### —— *Essence* 퓌레, 재료의 정수

재료의 껍질을 벗기거나 씨나 뿌리를 제거한 뒤 습열 조리를 통해 재료 그대로를 농축, 모아놓은 실체가 퓌레다. 잘 만든 퓌레는 재료의 정수를 느낄 수 있는 방법 중 하나이다.

### —— *Conservation* 퓌레의 저장성

완성된 퓌레는 냉장 또는 냉동 보관을 할 수 있으며 재료의 특성에 따른 구분이 필요하다.

**❶ 감자**

감자처럼 일상적이거나 저렴한 재료에 유제품을 더한 퓌레를 보관하는 것은 옳지 않다. 구하기 쉽거나 저장성이 필요 없는 재료는 그때그때 만들어 사용한다.

**❷ 토마토, 아스파라거스**

재료의 신선한 맛과 향, 형태가 뛰어나 냉동 보관을 하지 않는 것이 원칙이다. 낮은 온도에서 색이나 향이 변할 수 있어 손실이 크다.

**❸ 셀러리악**

냉장 보관 할 때보다 냉동 보관할 때 향은 덜하지만 오히려 안정된 맛을 보여주기도 한다.

### —— *Utilité* 퓌레의 실용성

음식은 준비가 절대적이다. 무엇이든 반드시 시간과 과정이 필요한데 퓌레는 공간과 시간적인 면에서 많은 부분을 절약할 수 있다.

# Purée de Chou- fleur

## 콜리플라워 퓌레

여러 가지 배추과 재료 중 소화가 가장 잘되는 콜리플라워는
각종 비타민과 무기질, 아연, 섬유질이 풍부하다. 남녀노소 모두에게
권장하나 그중에서도 환자식이나 이유식으로 탁월하다. 퓌레로 만들면
형태가 다양해 음식으로 표현하기 좋으며 부드러운 식감,
여리고 고소한 맛은 어느 재료와 곁들여도 부딪히지 않는다.
콜리플라워는 속이 단단하게 꽉 차고 조밀하면서 균일한 것이 좋다. 색은 약간
크림색에 가까우며 평균적으로 100g이 1인분으로 서비스된다.

**콜리플라워(원재료)**
100g

**손질한 콜리플라워**
50g

**완성된 콜리플라워 요리**
100g

**손질**
(잎, 기둥 제거)

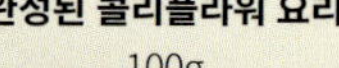

**조리**
(부재료 : 스톡, 우유,
크림의 첨가)

TIP
콜리플라워는 보통 무게의 50%가 손질 과정 중 줄어든다.
하지만 조리 과정에서 다른 재료의 첨가로 무게가
다시 두 배 정도 증가하니 처음 무게를 참고할 것.

콜리플라워와 양파는 균일하게 썰어준다.
팬에 버터를 녹인 뒤 양파와 콜리플라워를 넣고 스톡을 부어가며
익히는데 양파의 색이 나지 않고 숨이 죽을 정도면 충분하다.

핸드블렌더로 곱게 간 뒤 고운 체에 내리면
퓌레가 완성된다.

## —— 수프를 만들 때 크림과 우유 사용 방법

**퓌레로 수프를 끓일 때 크림과 우유의 사용량에 대한 우리의 생각**

· **크림 :** 퓌레에서 부족한 농도와 맛을 채워준다.

· **우유 :** 농도와 밸런스를 유지한다.

· **시간 :** 농도를 진하게 한다.

· **리에종**Liaison **:** 농도를 잡아주는 요소.
　　　예) 루Roux, 뵈르 마니에Beurre Manié(버터와 밀가루를 동량으로 섞은 것), 전분(재료 자체에서 나오는 전분)

# *Lait*

| 콜리플라워 수프 | 감자 수프 | 셀러리악 수프 | 단호박 수프 | 아스파라거스 수프 |
| --- | --- | --- | --- | --- |
| 콜리플라워 퓌레 | 감자 퓌레 + 시간 | 셀러리악 퓌레 | 단호박 퓌레 | 아스파라거스 퓌레<br>+ 루 또는 뵈르 마니에 |
| 크림 많게<br>우유 적게 | 크림 보통<br>우유 보통 | 크림 적게<br>우유 많게 | 크림 적게<br>우유 많게 | 크림 보통<br>우유 보통 |

# Court-bouillon

쿠르부용

## *Court-bouillon* 맛을 주느냐 받느냐

쿠르부용은 맛을 도와주는 스톡의 일종으로 주로 해산물을 손질하거나 맛을 낼 때 사용한다.

### 재료

물, 양파, 파슬리 줄기, 월계수 잎, 통후추, 화이트 와인(레몬, 식초도 가능)

**1 포셰**<sup></sup>Pocher(습열 조리의 일종)

생선을 쿠르부용에 잠기도록 넣고 저열로 익히는 방법이다.
촉촉하고 부드럽게 조리된다.

**2 아 라 바포**À la Vapeur(습열 조리의 일종)

수증기로 조리하는 방법으로 채소나 생선, 해산물, 육류 등 모든 재료에 사용 가능하다.
재단한 형태 또는 원재료의 형태를 그대로 유지할 수 있고 원재료의 맛이 가장 잘 드러나는
조리법이다. 신선한 재료일 때만 가능하다.

**3 아 라 나주**À la Nage

일품 요리의 베이스. 자체만으로도 정제되고 완성된 요리로 보통 맑은 형태이다.
주재료에 따라 쿠르부용의 베이스로 사용하기도 한다.

### 쿠르부용 사용 시 주의할 점

· 원재료 형태의 변화
· 장시간 조리로 인한 수분의 손실
· 과한 불의 세기로 인한 향의 손실

### 산의 효과와 종류 – 식초, 레몬, 화이트 와인

**1 맛의 보존**
**2 탄성**

· 식초 : 구입이 용이하고 경제적
· 레몬 : 맛과 탄성에 긍정적인 효과
· 화이트 와인 : 각각의 와인이 가지고 있는 특성에 따라 맛과 식감을 상승시키는 효과

손질법
# Décortiquer un Homard

**TIP** **바닷가재 손질 시 주의할 점**
손질 단계에서 과하게 익히지 않도록 주의한다.
재료의 순수한 맛이 유지될 수 있도록 부재료의 첨가에 유의한다.

바닷가재의 집게는 테일 부분보다
껍질이 두꺼워 조금 더 오래 데친다.
데친 바닷가재는 얼음물에 식혀
껍질과 살을 분리한다. 테일 부분의
껍질과 살을 분리할 때는 가위를
사용하는데 가위 날은 살 쪽이
아니라 껍질을 타듯이 들어가야
살이 다치지 않는다.

갑각류는
많이 익히지 않는 것이
잘 익히는 것이다.

콜리플라워 퓌레, 생크림, 우유를 섞은 뒤
핸드블렌더로 거품을 만든다. 이때 핸드블렌더가
잠기지 않도록 약간의 공간이 있어야 공기층이
형성되어 풍성한 거품을 만들 수 있다.

# *Homard, Chou-fleur* 바닷가재, 콜리플라워

## INGRÉDIENT

바닷가재 1마리(500g), 콜리플라워 퓌레 200g, 생크림 140ml, 우유 70ml, 양파, 파슬리, 버터, 소금, 후춧가루
*Purée de Chou-fleur*    콜리플라워 100g, 양파 20g, 버터 50g, 스톡 또는 물 100ml
*Court-bouillon*    미르푸아<sup>Mirepoix</sup> (셀러리 20g, 양파 50g), 부케가르니<sup>Bouquet Garni</sup>
    (파슬리 줄기, 월계수 잎, 통후추), 화이트 와인 또는 레몬

### *Purée de Chou-fleur*

1   콜리플라워, 양파를 균일하게 썬다.
2   팬에 버터를 녹인 후 양파와 콜리플라워를 넣고 스톡을 넣어가며 수에<sup>Suer</sup>한다.
3   핸드블렌더로 곱게 간 뒤 체에 내려 퓌레를 완성한다.

### *Court-bouillon*

1   넉넉한 냄비에 물 5L와 미르푸아를 넣는다.
2   부케가르니, 화이트 와인 또는 레몬즙을 넣고 끓인다.

### *Homard*

1   쿠르부용에 바닷가재를 넣고 약 1~2분간 데친다.
2   얼음물에 식힌 후 껍질과 살을 분리한다.
3   팬에 버터를 두르고 한입 크기로 자른 바닷가재 살과 양파, 파슬리를 넣고 살짝 볶아 소금으로 맛을 낸다.

### *Soupe de Chou-fleur*

1   냄비에 콜리플라워 퓌레, 생크림, 우유를 넣고 끓인다.
2   소금, 후춧가루를 넣고 맛을 낸다.
3   핸드블렌더로 거품을 만들어 콜리플라워 무스를 완성한다.

### *Dressage*

1   뜨겁게 데운 그릇에 바닷가재를 담고 콜리플라워 무스를 올린다.
2   후춧가루를 뿌려 마무리한다.

# 선택

불필요한 경쟁을 하지 않는 앞선 선택은
희소성이라는 장점과 부가 가치가 높아 충분히 매력이 있지만
시행착오와 검증의 시간이 필요하다.

우리는 그런 선택을 필요로 하고
필요에 맞는 선택을 한다.

PART 3
Salade
샐러드

***Vinaigrette*** 비네그레트

***Asperges, Pomme de Terre*** 아스파라거스와 감자

***Salade Mosaïque*** 모자이크 샐러드

***Salade d'Herbes*** 허브 샐러드

***Pamplemousse, Basilic*** 자몽, 바질

# *Vinaigrette*

## 비네그레트

좋은 올리브유의 역할은
재료의 맛을 채워주는 것.

# 소금은 기름에 녹지 않는다.

소금은 극성용질로 같은 극성용매인 물에는 쉽게 녹지만
무극성용매인 오일에는 녹지 않는다.
오일과 소금만으로 드레싱을 만들었을 때 느껴지는 짠맛은
소금이 오일에 녹아서가 아니라 소금 자체가 혀에 닿아서이다.
따라서 오일과 소금이 같은 양일 때 수분이 함유된 재료가 들어가면
소금이 물에 녹아 보다 더 강한 짠맛을 느낄 수 있다.

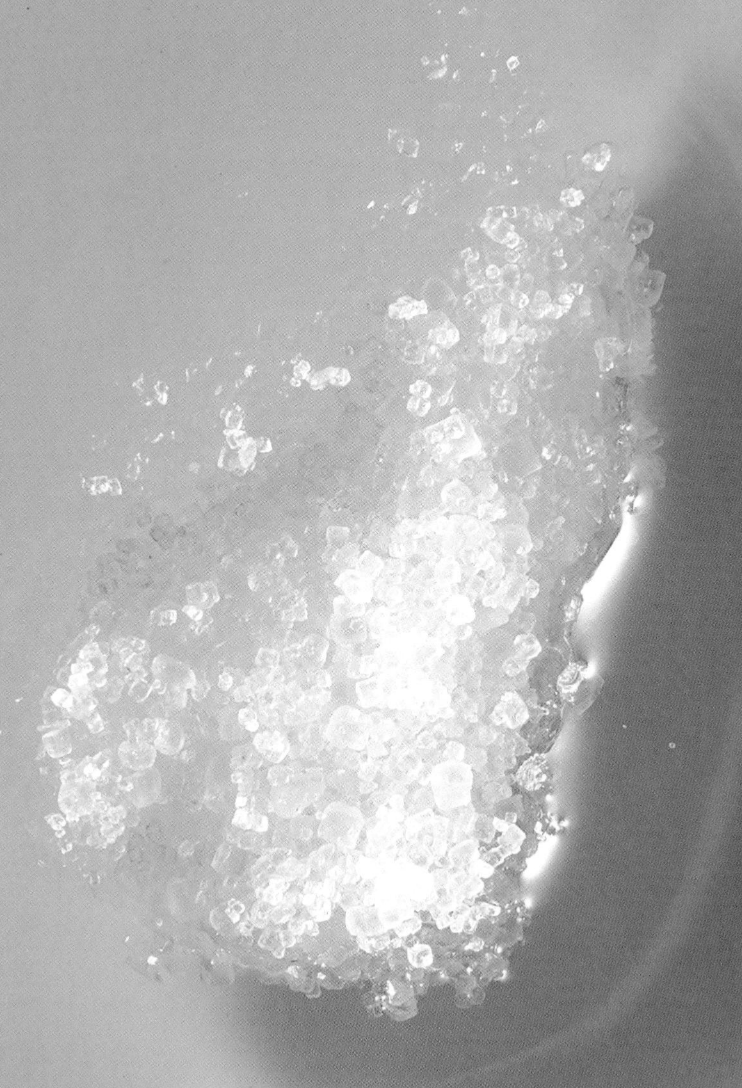

─── **음식의 주재료에 따라서
비네그레트의 재료를 조절한다.**

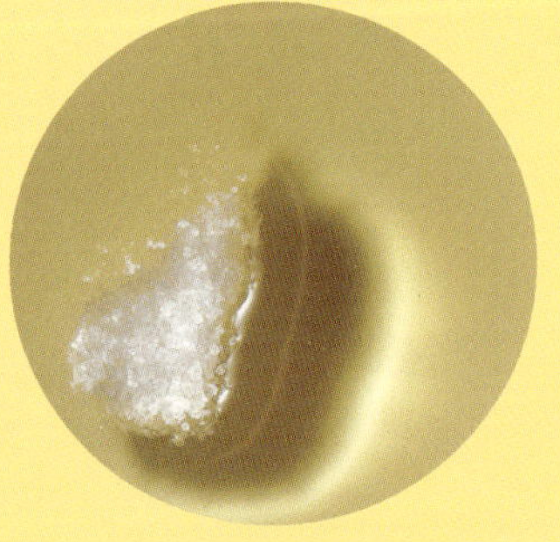

**오일 + 소금**

오일과 소금이 주는 맛의 조화

**오일 + 소금 + 산**

오일과 소금과 산미가 주는 맛의 조화

* 산 : 식초 또는 산미 있는 재료

**오일 + 소금 + 샬롯**

오일과 소금과 샬롯이 주는
맛과 식감의 조화

**오일 + 소금 + 허브**

오일과 소금과 허브가 주는
맛과 향의 조화

**오일 + 소금 + 퓌레**

오일과 소금과 채소의 퓌레가 주는
맛의 조화

# *Asperges,*
# *Pomme de Terre*

## 아스파라거스, 감자

아스파라거스의 정직함과 감자의 섬세함이
함께 어우러진 미세함의 경연.

—— *Asperges* 아스파라거스
흙에서 바로 수확한 아스파라거스는 즙이
풍부하고 단맛이 뚜렷하다. 시간이 지나면서 점차
저장 에너지를 다 쓰게 되면 당의 비중이 줄어들며
줄기 깊숙한 곳에서 리그닌에 의해 목질화가
진행된다. 좋은 재료는 밭에서 시작하고 숨을 쉰다.

# *Blanchir*

데치기

여린 아스파라거스는 껍질을 벗기지 않는다. 껍질에 영양소와 풍미가
많기 때문에 먹을 수 있는 부분은 다 사용하도록 한다. 아스파라거스는
손질 후 굵은소금을 넣고 데친다.

# Pomme de Terre

크리스피한 감자

감자를 아주 가늘게 채 써는 것이 핵심.
감자의 전분은 따로 제거하지 않는다.

TIP
칼등과 왼손의 힘이 동일하게 만나야 감자 두께가
일정하다.

# *Salade Mosaïque*

## 모자이크 샐러드

칼로 표현되는 맛.

과일 자체의 맛이 훌륭하다면
복잡한 테크닉이나 다른 재료를
더하지 않아도 완성도 높은 요리가 된다.
드레싱을 더하기보다는 순수함을 음미해보자.

# *Salade d'Herbes*

## 허브 샐러드

계절 따라 달라지는 채소와 허브 샐러드는
올바른 세척, 정확한 익힘, 온도의 조절이 필요하다.

이 한 접시에는 계절의 맛이 오롯이 담겨 있다.
허브의 맛을 충분히 느낄 수 있도록
오일과 소금, 후추의 사용을 최소화하는 것이 좋다.

# Pamplemousse, Basilic

## 자몽, 바질

쌉쌀함과 촉촉함은 코스의 시작으로
몸과 마음을 두드린다.

자몽, 바질, 올리브유
이 세 가지 재료이면 충분하다.
좋은 음식은 단순한 법.
소금은 따로 필요하지 않다.

### —— *Segment*

자몽의 과육을 떼어낼 때 한 면은 칼날을 넣어 예리하게
잘라내고 한 면은 과육의 살이 자연스럽게 보일 수 있도록
칼의 옆면으로 밀어내듯 떼어낸다. 이렇게 해야 과육의
손실이 거의 없다. 또한 양쪽 단면의 모양이 다르기 때문에
두 가지 방법으로 플레이팅이 가능하다.

자몽
# *Pamplemousse*



*tomate*

### — *Chiffonade*

바질을 썰 때는 칼을 미는 것이 아니라 당겨 썰어야
갈변이 일어나지 않는다.

## Asperges, Pomme de Terre
## 아스파라거스, 감자

**INGRÉDIENT**

아스파라거스 6개, 감자 100g, 버터 또는 올리브유, 굵은소금

1. 아스파라거스는 손질한 후 끓는 물 1L에 굵은소금 15g을 넣고 90°C 정도에서 알맞게 익힌다. 익히는 시간은 아스파라거스의 크기에 따라 달라진다.
2. 수분을 제거한 뒤 올리브유 또는 버터로 표면을 코팅한다.
3. 아주 가늘게 채 썬 감자를 서로 달라붙을 수 있도록 섞는다.
4. 팬에 올리브유 또는 정제 버터를 두른 뒤 채 썬 감자를 망사 모양으로 고소하게 익힌다.
5. 따뜻하게 데운 접시에 아스파라거스를 가지런히 담은 뒤 감자를 올려 완성한다.

## Salade Mosaïque
## 모자이크 샐러드

**INGRÉDIENT**

멜론(2가지) 각 200g, 잠봉[Jambon] 10g

1. 색깔과 맛이 다른 두 가지 멜론을 정육면체 (1.5cm×1.5cm×1.5cm)로 썬다.
2. 잠봉을 곱게 채 썰어 올려 마무리한다.

## Pamplemousse, Basilic
## 자몽, 바질

**INGRÉDIENT**

자몽 1개, 바질 1장, 올리브유

1. 자몽의 표면을 씻은 뒤 과육만 남기고 껍질 부분은 칼로 도려낸다.
2. 자몽의 과육을 떼어낸다.
3. 접시에 자몽을 담은 후 서비스 직전 바질을 가늘게 썰어 올린다.
4. 올리브유를 곁들여 마무리한다.

## Salade d'Herbes
## 허브 샐러드

**INGRÉDIENT**

명아주, 그린사랑초, 옐로 베이비주키니, 그린 베이비주키니, 올리브유, 소금

1. 허브는 손질한 뒤 물로 씻어 차갑게 준비하고 익혀야 하는 채소는 미리 익혀서 온도를 맞춘다.
2. 서비스 직전에 접시에 올리고 올리브유와 소금을 뿌려 마무리한다.

# 최고가 되기보다는 최선을 다해라

최고는 결과가 있지만 외로울 수 있고
최선은 결과가 없어도 아름다울 수 있다.

*tomate* ————————————

tomato

PART 4
Tomate
토마토

*Tomate, Coquillage* 토마토, 키조개 관자

*Tomate, Gamba(Dokdo)* 토마토, 꽃새우

*Tomate, Daurade* 토마토, 도미

*Tomate & Cuisse de Poulet* 토마토, 닭다리

*Tomate, Coquille Saint-jacque* 토마토, 가리비

*Tomate, Ricotta* 토마토, 리코타

*Tomate, Gélatine* 토마토, 젤라틴

*Préparer des Tomates* 토마토 손질 테크닉

# *tomate*

토마토

토마토는 가지과 식물로 관상용으로 키우기도 했고
한때는 파리나 모기를 쫓는 식물로 관심받기도 했다.
이탈리아와 프랑스에서는 가장 많이 재배되는 채소
중의 하나라고 하지만 우리는 종종 과일과 채소의
경계에서 바라볼 때가 있다.

일 년 내내 키우지만 제철은 5월부터 8월까지
(한국 기준)가 아닐 듯싶다. 요즘 재배 방법은
맛과 향을 시간과 자연에게 맡기는 것이 아니라
물과 비료에 의한 속성 기술로 대량 생산되어
요리사들에게는 깊은 아쉬움이 있었다. 모든 재료가
비슷하지만 토마토의 맛도 품종과 재배 방법, 농부의
철학에 따라 매우 다르거늘 최근 일부 농가들의
변화와 노력에 고마운 마음이 든다.

칼로리는 매우 낮지만 비타민 C가 풍부하고
무기질과 마그네슘, 철 등을 포함하고 있다.
또 항산화 작용을 하는 리코펜이 다량 함유되어 있다.

*Jules Verne*

"사물을 보는 시야가 달라지고
고정관념을 버리다."

**쥘 베른에서 만난 토마토**

프랑스에 가기 전 경험한 토마토는 샌드위치에 들어가는 속재료나 샐러드의
일부분 또는 캔으로 가공된 형태의 토마토 페이스트, 퓌레, 홀이 대부분이었던 것
같다. 하지만 1996년 파리 에펠 탑 2층에 있던 레스토랑 쥘 베른Jules verne에서 만난
토마토는 이전의 경험과는 너무도 달랐다. 모양과 조리 방법에 따라 디자인과
부가 가치가 달라졌고 토마토 하나하나가 그 자체로 음식의 주연이나 조연이
되었다. 그때 처음으로 요리사의 생각에 따라 재료의 가치가 충분히 달라질 수
있다는 것을 깨달았다.

토마토의 다양한 변화

· *Fondue de Tomate*(토마토 퐁듀)
· *Purée de Tomate*(토마토 퓌레)
· *Coulis de Tomate*(토마토 쿨리)
· *Sauce Tomate*(토마토소스)
· *Pétale de Tomate*(화관 모양의 토마토)
· *Tomate Séchée*(건조 토마토)
· *Tomate Concassé*(토마토 콩카세)

# Tomate, Coquillage

## 토마토, 키조개 관자

—— 토마토의 반전 매력
토마토의 맛은 타고난 맛과 부여된 맛으로 나눌 수 있다.
타고난 맛은 농부의 몫이지만 부여된 맛은 요리사의 몫.
토마토의 맛을 극대화시키는 방법 중 하나는 수분을
조절하는 것으로 건조 과정을 거치면 산과 염, 당을
포함한 맛의 모든 요소가 진해진다. 부드러움과 축촉함,
쫄깃함이 어우러진 식감의 즐거움은 상상을 초월한다.

part 4
— 30% 건조된 토마토를
올리브유와 소금, 샬롯, 파슬리로
가볍게 맛을 낸다.


tomate

## —— *Coquillage* 키조개 관자

키조개는 감칠맛과 탱글탱글한 근육의 조직감, 싱싱함이 매력이다.
손질한 키조개 관자를 냉장실에 1~2시간 넣어두면 탄력이 생기고
재료들 간의 온도를 맞출 수 있다. 세로 방향으로 썰면 식감이 더욱 좋다.

# Tomate, Coquillage 토마토, 키조개 관자

INGRÉDIENT

토마토 2개, 키조개 2개, 샬롯, 파슬리, 올리브유, 소금, 딜 꽃

### *Pétale de Tomate Séchée*

1   토마토 껍질을 벗기고 씨를 제거한 뒤 화관 모양으로 자른다. 이때
    칼날이 사선으로 들어가야 건조되었을 때 단면이 직각이 된다.

2   80°C로 예열한 컨벡션 오븐에서 30분간 건조한다.

### *Coquillage*

1   키조개에서 관자만 떼어내 깨끗이 손질한다.

2   관자가 직사각형 모양이 되도록 세로 방향으로 썬다.

### *Dressage*

1   관자는 올리브유, 소금, 샬롯, 파슬리로 마리네이드한다.

2   건조된 토마토는 올리브유와 소금, 샬롯, 파슬리로 맛을 낸다.

3   토마토와 관자를 켜켜이 쌓으며 맨 위에는 관자로 마무리한다.

4   딜 꽃을 올려 완성한다

*Message du Chef*

# Rêve

요리를 하면 꿈같은 생각이 현실로 다가온다.

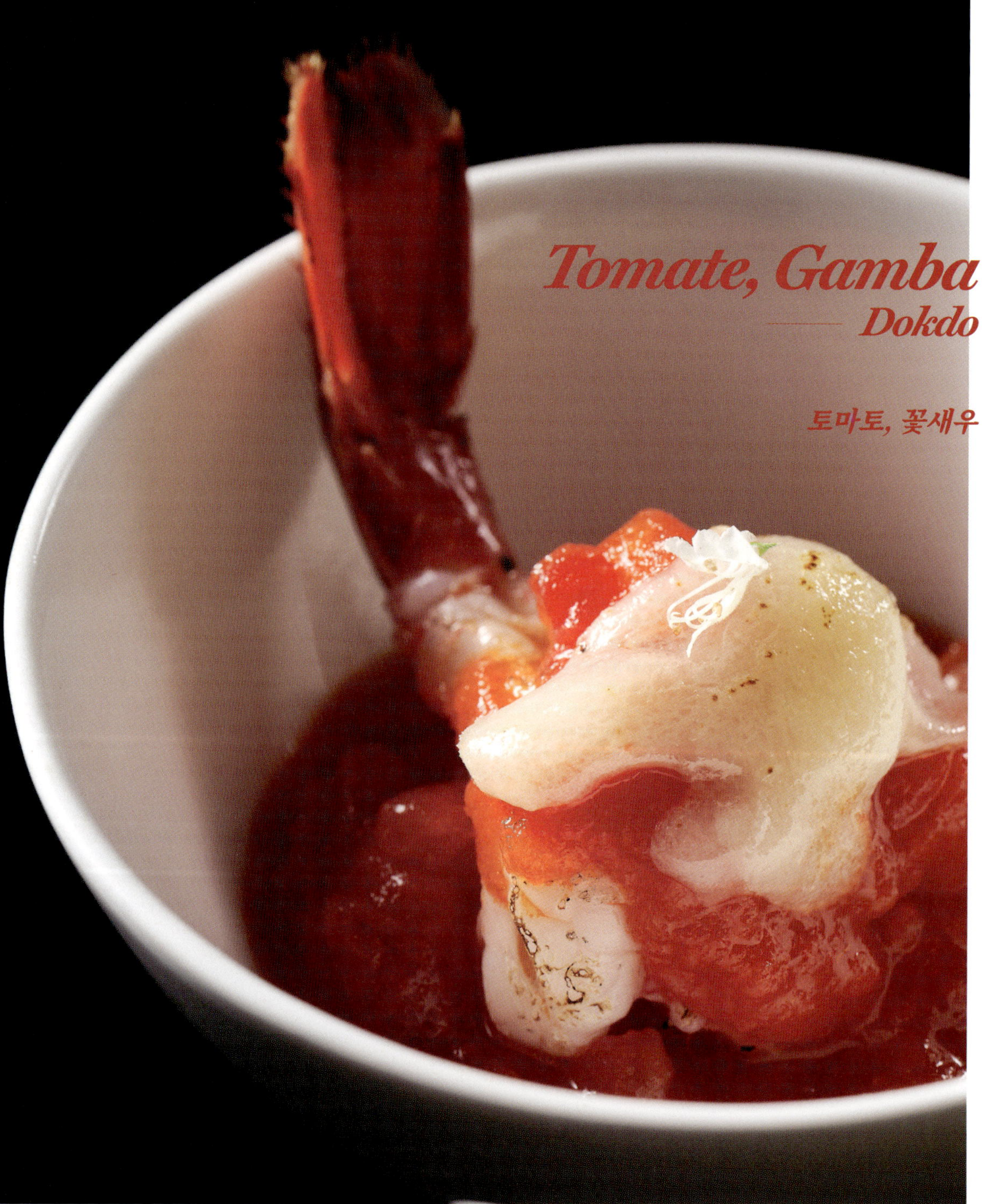

# *Tomate, Gamba*
## *Dokdo*

토마토, 꽃새우

## —— *Fondue de Tomate* 토마토 퐁듀

퐁듀란 재료에 열을 가해 원물의 형태는 사라지고
수분이 적당히 있는 상태를 말한다.

토마토 퐁듀에서 열을 가하는 것은 토마토를 쉽게 만나기 위함이다.
오일의 촉촉함으로 입안을 부드럽게 하고 허브가 첨가되는 순간,
맛의 변주를 느낄 수 있다.

# Fondue 퐁듀



*tomate*

토마토 퐁듀는 부드러우면서도 형태가 살아
있어야 한다. 조리 시 소금으로 간하고 바질을
넣어 향을 내는 것이 포인트이다. 바질의 줄기와
잎은 통째로 넣었다가 마지막에 꺼낼 것.

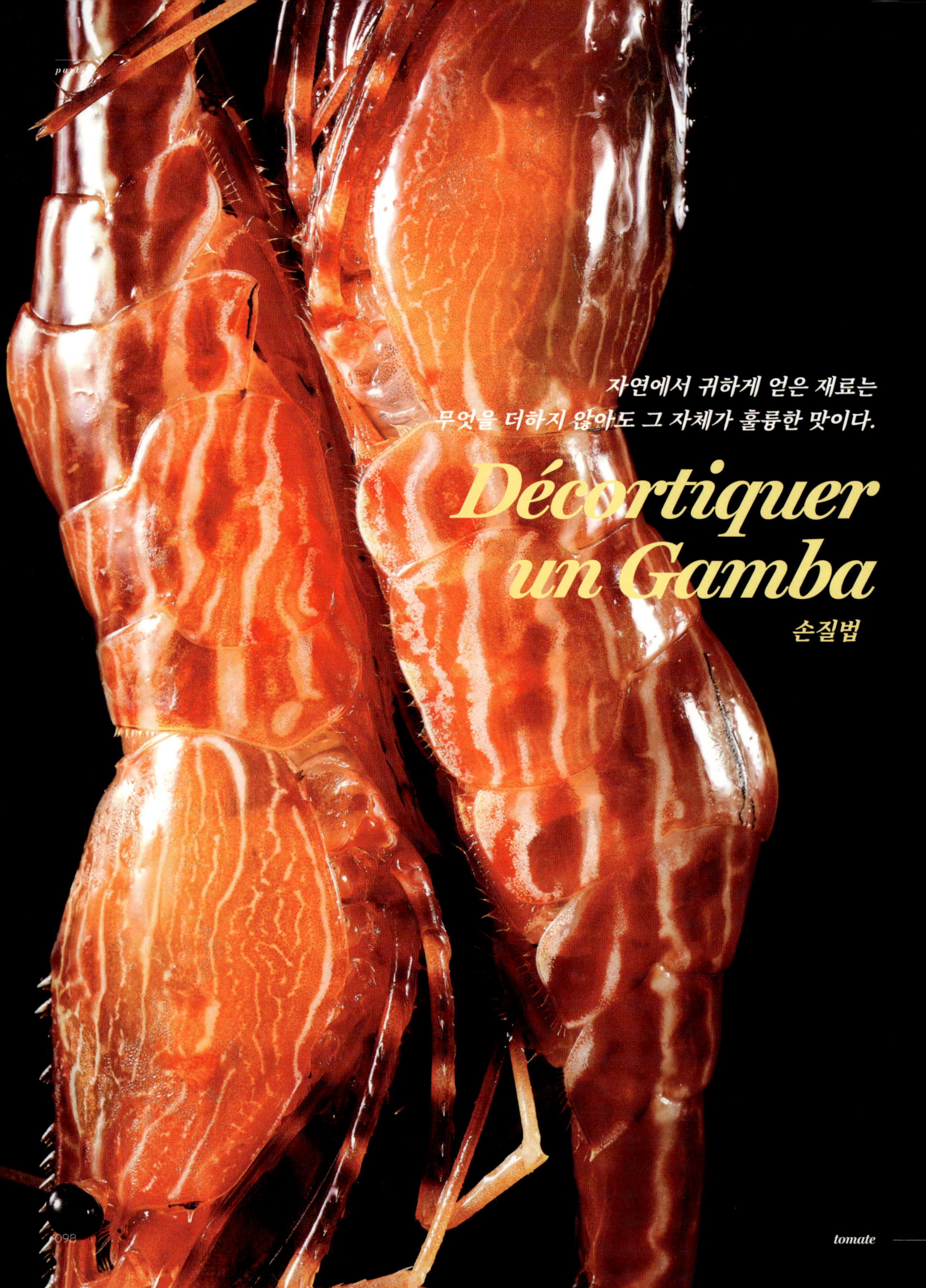
자연에서 귀하게 얻은 재료는
무엇을 더하지 않아도 그 자체가 훌륭한 맛이다.

Décortiquer
un Gamba

손질법

tomate

새우는 배 쪽에서부터 껍질을 벗기고
내장을 제거한 뒤 배 쪽에 칼집을 내고
양옆으로 벌린다.

TIP 등이 아닌 배 쪽에 칼집을 내면 새우를 익혔을 때 맛과
모양에서 큰 차이가 있다.

# Dressage 플레이팅

싱싱한 날것도 좋지만 경우에 따라
토치나 강한 불로 살짝 익히는 방법을 추천한다.
콩테 치즈 대신 다른 경성 치즈를 사용해도 잘 어울린다.

# Tomate, Gamba(Dokdo) 토마토, 꽃새우

INGRÉDIENT

꽃새우 2마리, 콩테 치즈 10g, 바질 꽃, 소금
*Fondue de Tomate* 잘 익은 토마토 6개, 올리브유 50ml, 바질 1줄기, 소금

### *Fondue de Tomate*

1   토마토 껍질을 벗긴 후 씨를 제거하고 과육을 도톰하게 도려낸다.

2   정사각형 모양으로 콩카세한다.

3   팬에 올리브유와 토마토를 넣고 중불에서 살짝 익힌다.

4   소금으로 간하고 바질을 넣어 향을 더한다.

5   올리브유로 맛을 내 완성한다.

### *Gamba(Dokdo)*

1   꽃새우는 머리 부분을 칼로 잘라낸다.

2   배 쪽에서부터 껍질을 벗기고 내장을 제거한 뒤 배 쪽에 칼집을 내고
양옆으로 벌린다.

3   소금으로 간하고 팬에서 살짝 익힌다.

### *Dressage*

1   뜨겁게 데운 그릇에 토마토 퐁듀, 치즈 순으로 담는다.

2   새우를 올리고 토마토 퐁듀로 덮은 뒤 치즈를 올린다.

3   치즈를 토치로 살짝 녹인 뒤 바질 꽃을 올려 마무리한다.

# 좋은 마음 좋은 사람

레스토랑을 운영하며 필요한 것은
결국 좋은 마음과 좋은 사람이다.

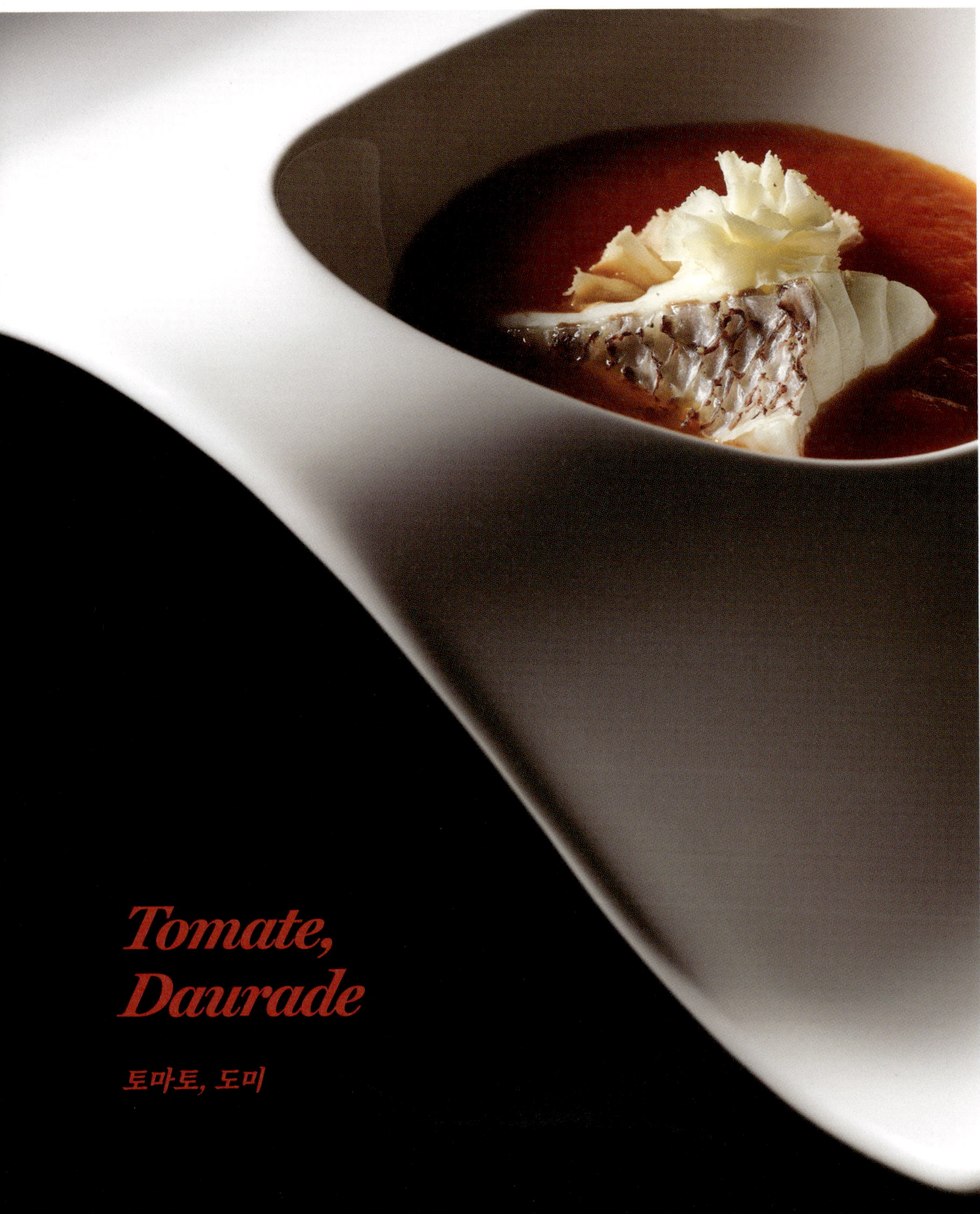

# Tomate,
# Daurade

토마토, 도미

## *Purée de Tomate* 토마토 퓌레

퓌레는 과일과 채소의 구조를 해체시키는 가장 단순한 요리이다.
퓌레는 조직을 부수어버릴 만큼 강한 물리적 힘을 가해 세포를 터트리고
내용물과 조직을 섞는 것으로 수분 함량이 높아 본래의 조직은 유동체로
변한다. 수분을 추가로 증발시키고 성분을 농축시키면 걸쭉하면서도
부드러운 질감이 되는데 깊고 풍부한 매력이 있다.
소스나 수프 같은 형태의 음식과 재료를 저장하는 방법으로도 사용된다.

토마토 퓌레는 잘 익은 토마토에 열을 가해 체에 거른 형태로 주로
생선이나 갑각류 요리, 면 요리에 많이 쓰인다. 맛있는 퓌레를 만들기
위해서는 좋은 재료를 선택하는 것이 우선으로 밭에서 잘 익은 토마토의
맛과 향을 그대로 접시에 옮길 수 있어야 한다.

**TIP** 열을 전달할 때는 너무 과하지 않아야 하며 퓌레를
만든 후에는 바로 사용한다.

# 손질 Lever les Filets de Daurade

플레이팅에서 도미의 껍질을 보여준다는 것은
요리에 대한  자신감을 의미한다

*À la Vapeur* 스팀

—— 아 라 바포

수증기를 이용해 열을 전달하는 방법으로 김이 오르는 솥 또는
밀폐된 용기에 재료를 넣어 익힌다. 형태를 그대로 유지할 수 있고
불에 직접 닿지 않아 건강한 조리법이다. 재료가 신선할 때만
사용할 수 있다. 어린이를 위한 음식이나 환자식으로 좋으며
조리 시간은 재료의 조직과 구성, 두께에 따라 달라진다.

## *Tomate, Daurade* 토마토, 도미

INGRÉDIENT

도미 200g, 쿠르부용 200ml, 테트 드 뮤안 20g, 소금, 후춧가루
*Purée de Tomate* 토마토 콩카세 400g, 올리브유 30ml, 소금

### *Purée de Tomate*

1   콩카세한 토마토를 중불에서 익힌 뒤 핸드블렌더에 곱게
    갈아 고운 체에 내린다.

2   올리브유와 소금으로 맛을 내 토마토 퓌레를 완성한다.

### *Daurade*

1   도미는 사용 24시간 전에 손질을 마치고, 사용 30분 전에
    3장뜨기한다.

2   준비된 도미를 알맞은 크기로 썬 뒤 소금, 후춧가루로 간한다.

3   쿠르부용을 넣은 팬에 렉을 깔고 그 위에 도미를 껍질이 위로
    가도록 올린다.

4   뚜껑을 덮고 스팀으로 익힌다.

### *Dressage*

1   뜨겁게 데운 접시에 토마토 퓌레를 담는다.

2   도미를 올리고 치즈를 곁들여 마무리한다.

# 시간은 흐른다

살다 보면 좋은 순간이 많음에도 쉽게 잊히고
아픈 순간은 많지 않음에도 잊히질 않는다.
하지만 두 가지 모두 우리의 시간 안에 존재하는 것이니 순응하자.

# Tomate &
# Cuisse de poulet

토마토, 닭다리

—— *Sauce Tomate* 토마토소스
소스는 요리의 기본으로 소스의 맛과 농도는 이미 음식의 한 부분으로
완성된 형태이다. 토마토소스를 만들 때 소금과 허브(바질, 오레가노,
타라곤, 타임, 마조람)는 요리의 주재료에 따라서 가감한다.

part 4
양파는 올리브유로
색이 나지 않도록 볶는다.
tomate

## 토마토소스의 응용

토마토 + 올리브유
기본이 되는 출발점

토마토 + 올리브유 + 양파
음식에 균형이 생김

토마토 + 올리브유 + 양파 + 마늘
음식에 감칠맛이 생김

토마토 + 올리브유 + 양파 + 마늘 + 고기
칼로리, 풍미, 맛 등 절반은 완성된 음식

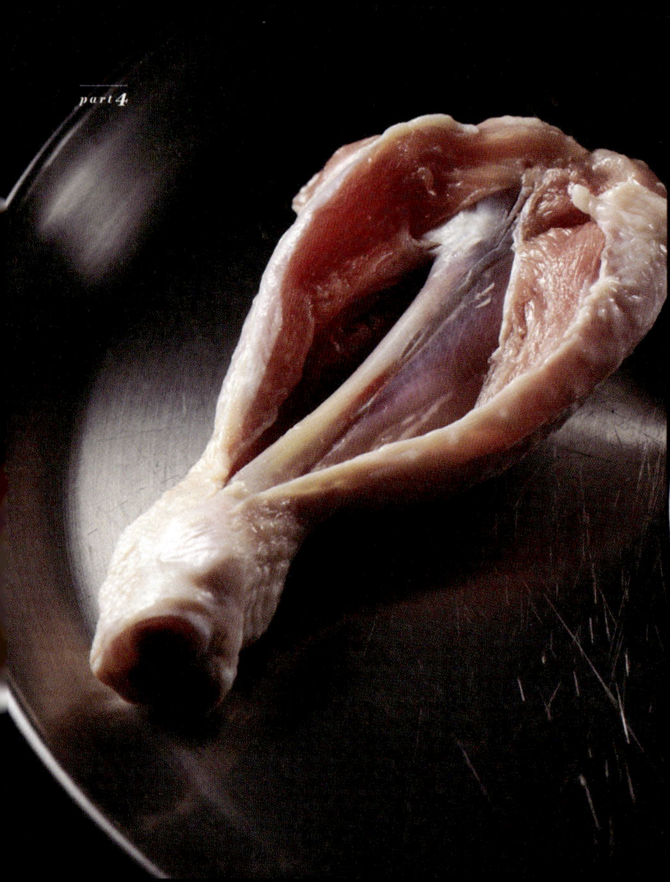

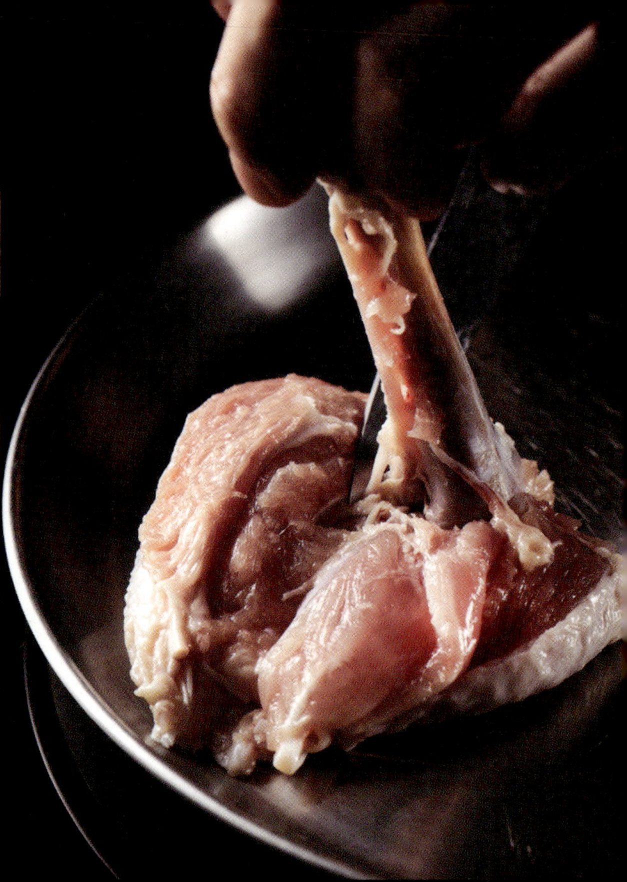

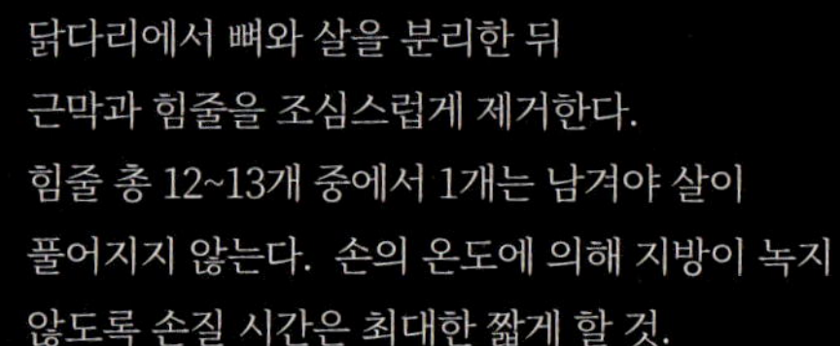

닭다리에서 뼈와 살을 분리한 뒤
근막과 힘줄을 조심스럽게 제거한다.
힘줄 총 12~13개 중에서 1개는 남겨야 살이
풀어지지 않는다.  손의 온도에 의해 지방이 녹지
않도록 손질 시간은 최대한 짧게 할 것.

# Désosser une Cuisse de Poulet
### 손질

닭을 구울 때는 팬에서 위치를 계속 옮겨가며 구워야
타지 않고 열이 고르게 전달된다.
굽다 보면 닭 껍질과 살 사이의 기름이 흘러나오는데
그 기름으로 고기를 익히면 풍미와 껍질의 고소함이 배가된다.

# *Poêler*

### 팬에 굽기

익힌 닭의 단면은 선홍빛을 띠고 육즙이 가득 차 있어야 한다.

## Tomate & Cuisse de Poulet 토마토, 닭다리

INGREDIENT

닭다리(단각) 2개, 소금, 후춧가루, 타임 꽃
*Sauce Tomate*   토마토 퓌레 200g, 올리브유 50ml, 양파 찹 20g

### Sauce Tomate

1   팬에 올리브유와 양파를 넣고 색이 나지 않도록 볶는다.

2   토마토 퓌레를 넣고 끓이다가 올리브유로 맛을 낸 뒤 고운 체에 내려 완성한다.

### Désosser une Cuisse de Poulet

1   닭다리의 뼈를 제거한다.

2   근막과 힘줄(11~12개)을 떼어낸다.

3   손질한 닭은 소금, 후춧가루로 간한다.

4   전용 팬에 식용유를 약간 두르고 닭 껍질이 바닥에 닿도록 해 굽기 시작한다.

5   온도가 조금씩 올라가면 식용유를 더하고 닭 껍질이 바삭하게 익으면 한 번 뒤집는다.

6   팬을 기울여 표면의 바삭함을 최대한 살린다.

### Dressage

1   구운 닭은 반으로 잘라 따뜻하게 데운 접시에 담는다.

2   토마토소스와 타임 꽃을 올려 마무리한다.

# 지금 주어진 것에 최선을 다하라.

우리에게는 수없이 많은 어제와
단 하나뿐인 오늘이 있다.

# Tomate,
# Coquille
# Saint-jacque

## 토마토, 가리비

익혔을 때 부드러운 식감은
가리비가 주는 최고의 선물이다.

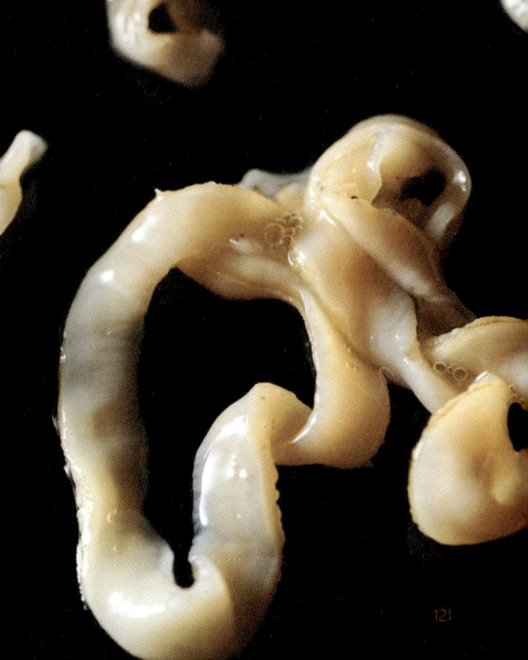

## — *Coquille Saint-jacque* 가리비

가리비의 외투막(껍데기와 닿아 있는 조갯살, Scallop Mantle)은
쓰임이 매우 생소하지만  대파와 함께 소스로 만들었을 때
전혀 다른 새로운 맛의 세계를 보여준다.

# Poudre 분말

건조한 분말이 가진 매력 중 하나는
아주 소량으로도 맛의 방향과
강약을 조절할 수 있다는 점이다.

## *Sauce aux Poireaux* 대파 소스

단 한번도 이 맛의 매력을 몰라주는 사람은 없었다!
크림으로 만들 수 있는 최고의 소스.

## *Sauce à l'Orange* 오렌지 소스

오렌지와 버터, 두 가지 재료 향은 물론이고 향긋함, 단맛과 신맛,
부드러움과 고소함을 함께 느낄 수 있다.

### Tomate, Coquille Saint-jacque 토마토, 가리비

INGRÉDIENT

토마토 분말 4g, 가리비 2개, 올리브유, 소금, 후춧가루
*Sauce à l'Orange*  오렌지 2개, 버터 10g
*Sauce aux Poireaux*  가리비 외투막 100g, 대파 흰 부분 100g, 양파 20g, 버터 20g, 생크림 200ml,
굵은소금, 소금, 후춧가루

#### *Poudre de Tomate*

1 토마토의 껍질을 벗기고 씨를 제거해 화관 모양으로 자른다.

2 건조기에서 말려(70℃, 18시간) 토마토의 수분을 완전히 제거한다.

3 블렌더로 곱게 갈고 고운 체에 내려 토마토 분말을 완성한다.

#### *Sauce à l'Orange*

1 오렌지의 즙을 고운 체에 거른다.

2 냄비에서 천천히 졸인다.

3 서비스 직전에 버터를 넣어 녹이고 바로 사용한다.

#### *Sauce aux Poireaux*

1 가리비의 외투막을 굵은소금으로 씻어 점액질을 제거하고 흐르는 물에 깨끗이 손질한다.

2 대파를 썰고 양파도 같은 두께로 곱게 채 썬다.

3 팬에 버터와 대파, 양파를 넣고 색이 나지 않도록 천천히 볶는다.

4 채소가 투명해지면 가리비 외투막을 넣고 볶는다.

5 색이 노릇해지면 생크림을 넣고 맛을 낸다.

6 재료의 맛이 우러나면 소금, 후춧가루로 간하고 체에 거른다.

7 서비스 직전에 핸드블렌더로 거품을 내 무스로 만든다.

#### *Dressage*

1 가리비를 깨끗이 손질한 뒤 소금, 후춧가루로 간한다.

2 전용 팬에 올리브유를 두른 뒤 양면을 노릇하게 굽는다

3 뜨겁게 데운 접시에 토마토 분말을 올린다.

4 구운 가리비를 놓고 오렌지 소스로 가리비를 덮은 뒤 무스로 만든 대파 소스를 올린다.

*Message du Chef*

# 천천히 정확히 쉬지 않고

시간이 지나고 나면
서두르지 않아도 되었음을 알게 된다.

'천천히'의 의미는 리듬이고
'정확히'의 의미는 습관이며
'쉬지 않고'의 의미는 반복이다.

크든 작든 성공하는 방법이다.

# *Tomate, Ricotta*

## 토마토, 리코타

토마토와 치즈는 재료의 일대일 조합만으로도
훌륭한 음식이 된다. 토마토는 생치즈와 특히 잘
어울리며 가볍지만 신선하고 통통 튀는 매력이 있다.
개인적으로 자주 접하고 싶었지만 프렌치와 다른 유럽
음식의 경계에서 많이 고민했던 메뉴이기도 하다.

토마토의 수분 함량이 50% 정도 되었을 때부터
쫄깃한 식감과 조밀감 있는 산도가 나타난다.

## *Fruit de la Passion* 패션프루트

가벼운 당도와 산도가 아닌 농축된 맛의 정수를 필요로 한다면
패션프루트를 숙성시켜 사용한다.

*Ricotta* 리코타
당 또는 염으로 쉽게 조절할 수 있는 순수한 맛.

# Tomate,
# Gélatine

토마토, 젤라틴

토마토 오아시스가 주는 상큼함과 가벼움, 즐거움은
한여름의 맛이다.

# *Gélatine*

젤라틴

토마토는 식이섬유가 풍부해 젤라틴을 적게 넣어도
부드러운 젤리를 쉽게 만들 수 있다.

## *Tomate, Ricotta* 토마토, 리코타

INGRÉDIENT

송이 토마토 3개, 리코타치즈 25g, 패션프루트 1개, 올리브유,
소금, 차이브

### *Tomate Cerise Grappe Séchée*

1    송이 토마토의 꼭지를 제거한 뒤 껍질을 벗긴다.

2    토마토를 가로 방향으로 자른 뒤 씨를 제거한다.

3    안쪽 부분을 가위로 잘라낸 뒤 도려낸다.

4    저온의 오븐에서 수분을 약 50% 천천히 말린다.

### *Dressage*

1    토마토를 올리브유, 소금으로 맛을 낸 뒤 접시에
     담는다.

2    리코타치즈를 스푼으로 떠서 토마토 안에 넣는다.

3    패션프루트를 조금씩 올린 뒤 잘게 썬 차이브를 올려
     마무리한다.


## *Tomate, Gélatine* 토마토, 젤라틴

INGRÉDIENT

토마토, 젤라틴, 소금, 허브

### *Jus de Tomate Oasis*

1    토마토의 과즙만 따로 모아 고운 체에 거른다.

2    젤라틴은 찬물에 불린다.

3    토마토 과즙을 데운 뒤 소금과 불린 젤라틴을 넣는다.

4    젤라틴이 녹으면 식힌 뒤 실리콘 틀에 담아 굳힌다.

### *Dressage*

1    틀에서 꺼내 접시에 담은 뒤 허브로 장식해 완성한다.

*Message du chef*

# 이치(理致)

자존심과 의지가 충돌할 때
두 가지를 다 놓으면 한 가지를 얻고
두 가지를 다 얻고자 하면
모두 잃을 수 있다.

# Préparer des Tomates

토마토 손질 테크닉

시작이 좋아야 결과도 좋다.
토마토의 껍질을 잘 벗기지 못하면
그 이후의 과정은 생각할 필요도 없다.

# *Monder*

## 껍질 벗기기

토마토의 꼭지 부분을 작은 칼을 이용해 제거한다.
이때 나이프를 짧게 쥐어 칼이 너무 깊숙이 들어가지 않도록 주의한다.

과하게 칼집을 넣지 않고 토마토 원래의 모양을 유지할 것.
껍질을 최대한 얇게 벗겨 손상되는 과육이 없도록 할 것.

1 토마토의 꼭지 부분을 작은 칼을 이용해
   제거한다.

2 꼭지 부분의 반대편에 열십자(十)로 칼집을
   낸다.

3 끓는 물에 데친다. 시간은 토마토의 크기에
   따라 5~15초 정도면 충분하다.

4 얼음물에 바로 옮겨 식힌 뒤 껍질을 얇게
   벗겨낸다. 얼음물에 너무 오래 두면 껍질이
   다시 붙을 수도 있다. 토마토 껍질을 벗길
   때는 칼을 든 오른손이 움직이는 것이
   아니라 토마토를 잡은 왼손을 돌려야
   토마토의 과육과 손 모두 다치지 않는다.

# *Pétale de Tomate*

## 화관 모양 토마토

*Comment Faire*

1 껍질을 벗긴 토마토를 크기에
   따라 4~6조각으로 자른 뒤
   씨 부분을 도려낸다.

2 화관 모양의 아랫부분을
   일자로 썰어 보기 좋게
   다듬는다.

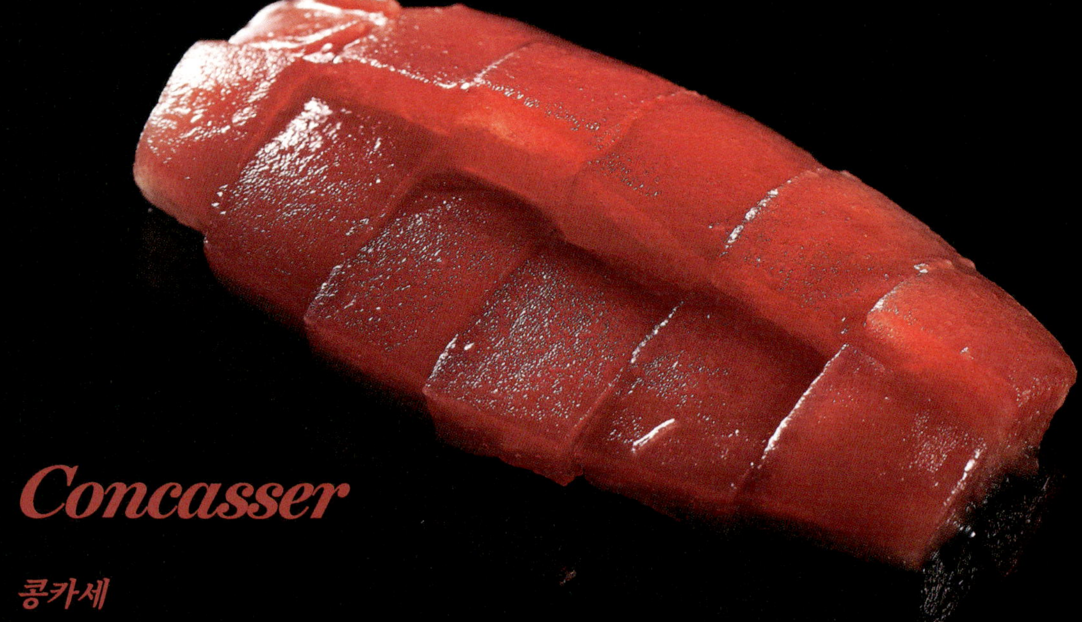

# *Concasser*

콩카세

*Comment Faire*

1   토마토를 화관 모양으로 썰어
    준비한다.

2   뾰족한 끝을 먼저 다듬은 뒤 사각형
    모양으로 썬다.

토마토는 수분 함량에 따라 산도, 염도, 당도, 질감이
모두 다르게 나타나 맛의 깊이를 조절할 수 있다는 게 매력적이다.

# *Sécher*

## 건조

### 토마토 건조하기 01.

컨벡션 오븐 : 90℃에서 60분

### 토마토 건조하기 02.

식품 건조기 : 70℃에서 180분

### 토마토 건조하기 03.

에어 프라이어 : 80℃에서 60분

건조 온도와 시간은 토마토의 양,
기계의 브랜드와 기종, 날씨에 따라 영향을
받으니 그에 맞게 조절할 것.

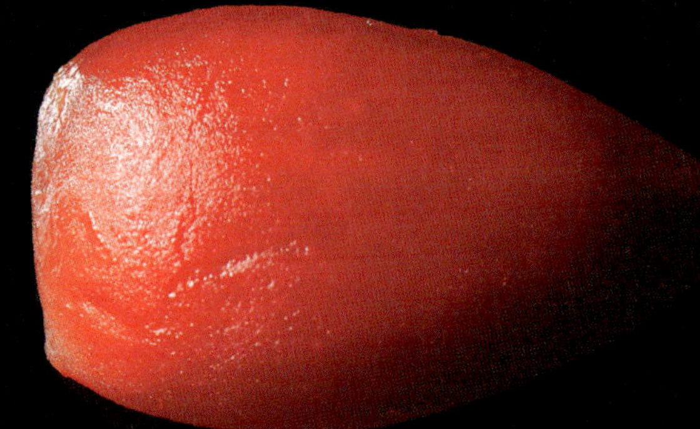

## 0h

건조 전

생 토마토 상태

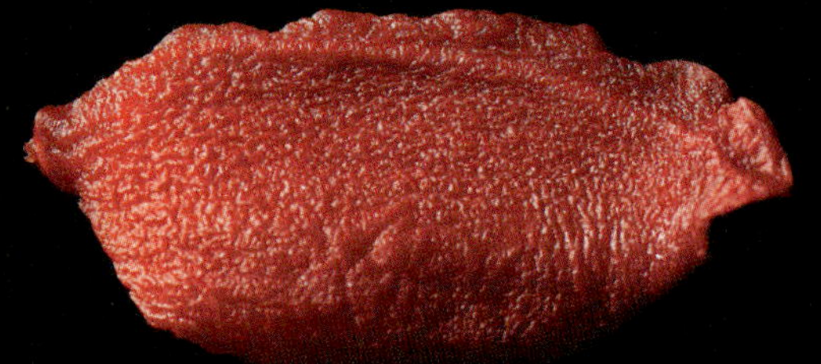

## 10h

70% 건조(식품 건조기 기준 10시간)

수분이 없고 졸깃한 상태

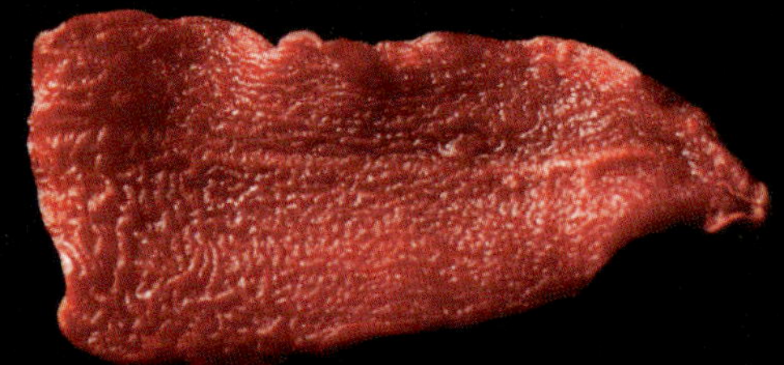

## 14h

85% 건조(식품 건조기 기준 14시간)

깨지지 않고 휘어질 정도

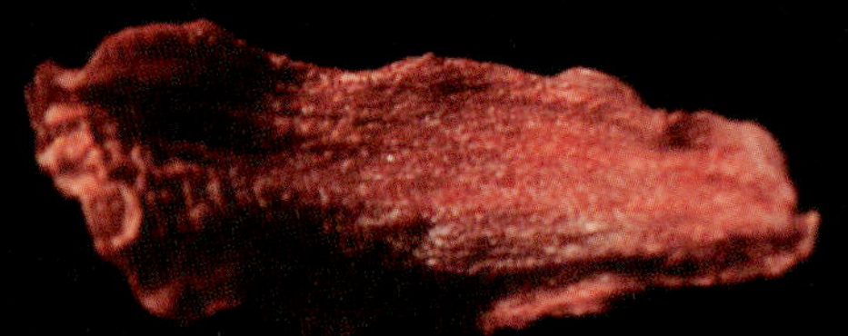

## 18h

95% 건조(식품 건조기 기준 18시간)

바삭한 상태

응축된 맛을 가진
토마토 분말

토마토 분말은 흡습력이 높아 진공
포장해 냉장 보관한다. 사용 직전
오븐에서 가볍게 말리고 다시 한 번 곱게
간 뒤 체에 내려 사용하는 것이 좋다.

크림 베이스의 수프 또는 소스와
잘 어우러져 맛의 포인트로 사용한다.

PART 5

+

Cannelé
카눌레

*Canelé Bordelais* 오리지널 카눌레

*Cannelé au Thé* 홍차 카눌레

*Cannelé à la Cannelle* 시나몬 카눌레

*Cannelé aux Figues* 무화과 카눌레

*Cannelé aux Pommes* 사과 카눌레

*Cannelé aux Baies d'Aronia* 아로니아 카눌레

*Cannelé aux Amandes et Sauce Caramel*
캐러멜소스 아몬드 카눌레

*Cannelé au Chocolat* 초콜릿 카눌레

*Cannelé aux Haricots Azuki* 팥 카눌레

*Cannelé à l'Orange* 오렌지 카눌레

*Cannelé au Café* 커피 카눌레

*Essayer* 새로운 시도

part 5
Cannelé
카눌레
스스로를 태우는 희생으로 만들어진 맛.
단순하지 않고 복잡하지만
과정의 논리가 분명한 디저트가
바로 카눌레이다.
tomate

## *Farine* 밀가루

보통은 중력분을 사용하지만 다양한 시도를 통해 재미있는 결과를 얻었고 나름대로 정리
해두었으니 활용하면 좋을 것 같다.

유기농 중력분은 날씨에 민감하게 반응하는 것을 알았고 우리 밀(대체로 글루텐 함유량을
체크해보면 중력분에 가까움)은 반죽이 조금 더 가볍게 나오며 완성된 사이즈가 작게
나왔음을 기억한다. 통밀가루는 카눌레 반죽에 활용 시 밀가루 냄새가 쉽게 사라지지 않았고
다른 반죽들에 비해 불안정한 모습을 보였다. 강력분과 박력분을 섞으면 중력분을 사용할
때보다 풍미는 조금 떨어지는 듯하지만 속이 더 촉촉한 느낌이다.

### —— *Sucre* 설탕

음식의 맛은 혀와 뇌가 감성적으로 판단하지만 음식이 주는 영양적
요소와 건강에 미치는 부분은 이성적이고 지혜로워야 한다. 진정한
마무리는 단맛이니 좋은 타이밍에는 슬기롭게 최대한 즐겨라.

### —— 황설탕 실험

황설탕은 숙성 시간이 더 필요하고 틀에 밀랍을 씌웠을 때처럼
표면이 굳고 단단하며 캐러멜, 꿀과 같은 풍미가 두드러진다.

## *Lait* 우유

우유는 반죽에서 차지하는 비중이 크다.
우유의 브랜드가 다르다 하여 물성의 차이는
없지만 우유 브랜드마다 고유한 맛이
있어서인지 미세한 차이를 느낄 수 있다.

*tomate*

### *Beurre* 버터

버터는 과자나 디저트에서 어떤 상태로 혼합되고 쓰이냐에
따라 부드럽기도 하고 고소하기도 하다. 카눌레는 묽은
반죽을 고온에서 장시간 동안 단계적으로 조절하며 굽는
독특한 베이킹이다. 따라서 의도치 않게 오븐에서
누아제트<sup>Noisette</sup>(버터를 태우는 것) 과정을 자연스럽게
거치게 되는데 그 풍미가 카눌레의 매력이자 반전이다.

### *Jaune d'Oeuf* 달걀노른자

카눌레의 쫄깃함과 촉촉함은 달걀노른자의 몫이다.
우리가 키우는 칠면조나 오골계의 알로 카눌레를
만들었을 때 조금 더 부드럽고 촉촉하며 크리미한 느낌을
경험했다. 아주 큰 차이는 아니지만 분명히 좋은 점이
있다는 것이다.

### *Rhum* 럼

구운 뒤에도 향이 남을 수 있도록 퀄리티가 좋고 알코올
도수가 높은 것을 선호한다.

### *Vanille* 바닐라

커스터드 형태의 반죽과 잘 어우러진다. 묽은 반죽에 고루
섞이도록 액상 시럽을 사용해도 좋다.

# Moule 틀

예전에 사용하던 것이 존중받고 보존되어야 함은 마땅하나
모든 것이 옳고 좋은 것만은 아니었다.
새로운 것을 받아들이는 지혜가 필요하다.

실리콘 틀과 구리 틀은 각각의 장단점이 분명히 있다.
구리 틀은 열전도율이 높고 변형이 없기 때문에
완벽한 모양이 나오고 카눌레의 특징을 더 쉽게 부각시킬 수 있다.
실리콘 틀은 새로운 소재로 고온에서 견딜 뿐만 아니라
비용과 공간적인 부분에서 경제적이며 효율성이 좋다.

카눌레 틀의 경우 관리가 무엇보다 중요하다.
사용 후 뜨거운 물로 세척한 다음 오븐에 넣어 수분을 없애고
버터나 밀랍으로 코팅하는 과정을 거쳐야 한다.

### ⎯ *Enfourner* 굽기

고온에서 굽기 시작해 온도를 낮추며
수분을 조절하고 반죽을 안정화시킨다.
완성되기까지 생각보다 오랜 시간이 필요하다.

### *Reposer* 안정

카눌레는 보관 조건과 시간의 변화에 따라 맛이 달라진다. 오븐에서 바로
꺼냈을 때는 말랑말랑하지만 10분 정도가 지나면 굳기 시작한다. 2~3시간
동안은 매우 불안정한 상태이기 때문에 실온에서 안정화가 필요하다.
약 8시간 후에는 변화가 멈추므로 그 이후로는 냉장 보관을 해야 한다. 굽고
나서 15시간 (실온, 냉장 보관 포함) 정도 지났을 때 카눌레의 맛과 향, 식감을
가장 잘 느낄 수 있는데 그 시간은 계절, 환경에 따라 달라질 수 있다.

Canelé Bordelais
오리지널 카눌레

INGRÉDIENT

버터 50g, 우유 500ml, 바닐라 에센스 5g, 유기농 중력분 150g, 설탕 250g, 달걀노른자 50g, 럼 25ml

### *Mélanger* 반죽

* 수분의 함량이 높은 반죽으로 재료를 잘 섞는 과정을
표현하기 위해 Mélanger라 표기했음.

1   냄비에 버터, 우유, 바닐라 에센스를 넣고
    약불에서 천천히 버터를 녹인다.

2   중력분, 설탕을 체에 내려 준비한다.

3   버터가 녹으면 식힌 뒤 달걀노른자와 섞는다.

4   준비한 재료를 함께 잘 섞은 뒤 럼을 넣고 24시간
    숙성 후 사용한다.

### *Enfourner* 굽기

1   숙성된 반죽을 고운 체에 내린다.

2   준비된 틀에 99% 정도 부어준 뒤 250℃로
    예열한 오븐에서 20분간 굽는다.

3   180℃로 낮춰 40분,  150℃도 낮춰 10분간
    굽는다.

4   틀에서 꺼내 타공팬에서 식힌다.

## 다양한 맛과 향을 첨가해
## 새로움을 추구한다.

### INGRÉDIENT

카눌레 1배합, 홍차 5g

1   찻잎을 블렌더에 곱게 간 뒤 체에 내려 준비한다.

2   반죽에 찻잎 분말을 넣고 잘 섞는다.

3   틀에 반죽을 채운 뒤 예열된 오븐에서 굽는다.

✓ 카눌레 1배합의 재료 분량과 오븐 온도는 161p 오리지널 카눌레 레시피 참고

Cannelé au Thé
홍차 카눌레

# Cannelé
## à la Cannelle

시나몬 카눌레

카눌레 1배합, 시나몬 스틱 적당량

1   시나몬 스틱을 그라인더로 갈아 3g 정도 넣고
    잘 섞는다.

2   틀에 반죽을 채운 뒤 예열된 오븐에서 굽는다.

3   완성된 카눌레 위에 시나몬 스틱을 그라인더로
    갈아 한 번 더 뿌린다.

# Cannelé
# aux Figues

무화과 카눌레

INGRÉDIENT
카눌레 1배합, 반건조 무화과 10개, 레드 와인 적당량

1   반건조 무화과를 잘게 썬다.
2   무화과의 절반 분량은 틀에 넣는다.
3   나머지는 팬에서 레드 와인과 함께 졸여
    무화과와인절임을 만든다. 필요에 따라
    꿀이나 설탕을 더해도 좋다.
4   반죽을 채운 뒤 예열된 오븐에서 굽는다.
5   완성된 카눌레 위에 무화과와인절임을
    올린다.

### INGRÉDIENT

카눌레 1배합, 사과절임 50g(사과, 황설탕, 시나몬 파우더), 슈거 파우더

1   사과는 깨끗이 씻어 껍질을 벗긴 뒤 1cm 큐브로 썬다.

2   사과 무게 10% 분량의 황설탕을 넣고 졸인다.

3   수분이 적당히 줄어들면 시나몬 파우더를 넣고 맛을 낸 뒤
    완전히 식힌다.

4   틀에 사과절임을 나누어 넣고 반죽을 채운다.

5   예열된 오븐에서 굽는다.

6   완성된 카눌레의 바닥 면이 위로 오도록 식힌 뒤 슈거
    파우더를 뿌려 완성한다.

Cannelé
aux Pommes
사과 카눌레

---

**INGRÉDIENT**

카눌레 1배합, 말린 아로니아 45g

1   틀에 아로니아를 나누어 넣는다.
2   반죽을 채운 뒤 예열된 오븐에서 굽는다.

*tomate*

Cannelé aux Baies
d'Aronia
아로니아 카눌레

INGRÉDIENT

카눌레 1배합, 구운 아몬드 32개, 캐러멜소스

1   구운 아몬드를 반으로 썬다.
2   아몬드를 틀에 나누어 넣는다.
3   틀에 반죽을 채우고 예열된 오븐에 굽는다.
4   카눌레를 완전히 식힌 뒤 캐러멜소스를 채워 완성한다.

*Sauce Caramel*

설탕 250g, 물엿 50g, 생크림 500ml, 젤라틴 8g

1   젤라틴을 찬물에 불린다.
2   팬에 설탕, 물엿을 넣고 가열해 캐러멜화한다.
3   생크림을 조금씩 나누어 넣어가며 섞는다.
4   불린 젤라틴을 넣고 녹여 캐러멜소스를 완성한다.

# Cannelé aux Amandes et Sauce Caramel

캐러멜소스 아몬드 카눌레

# Cannelé
# au Chocolat

## 초콜릿 카눌레



*tomate*

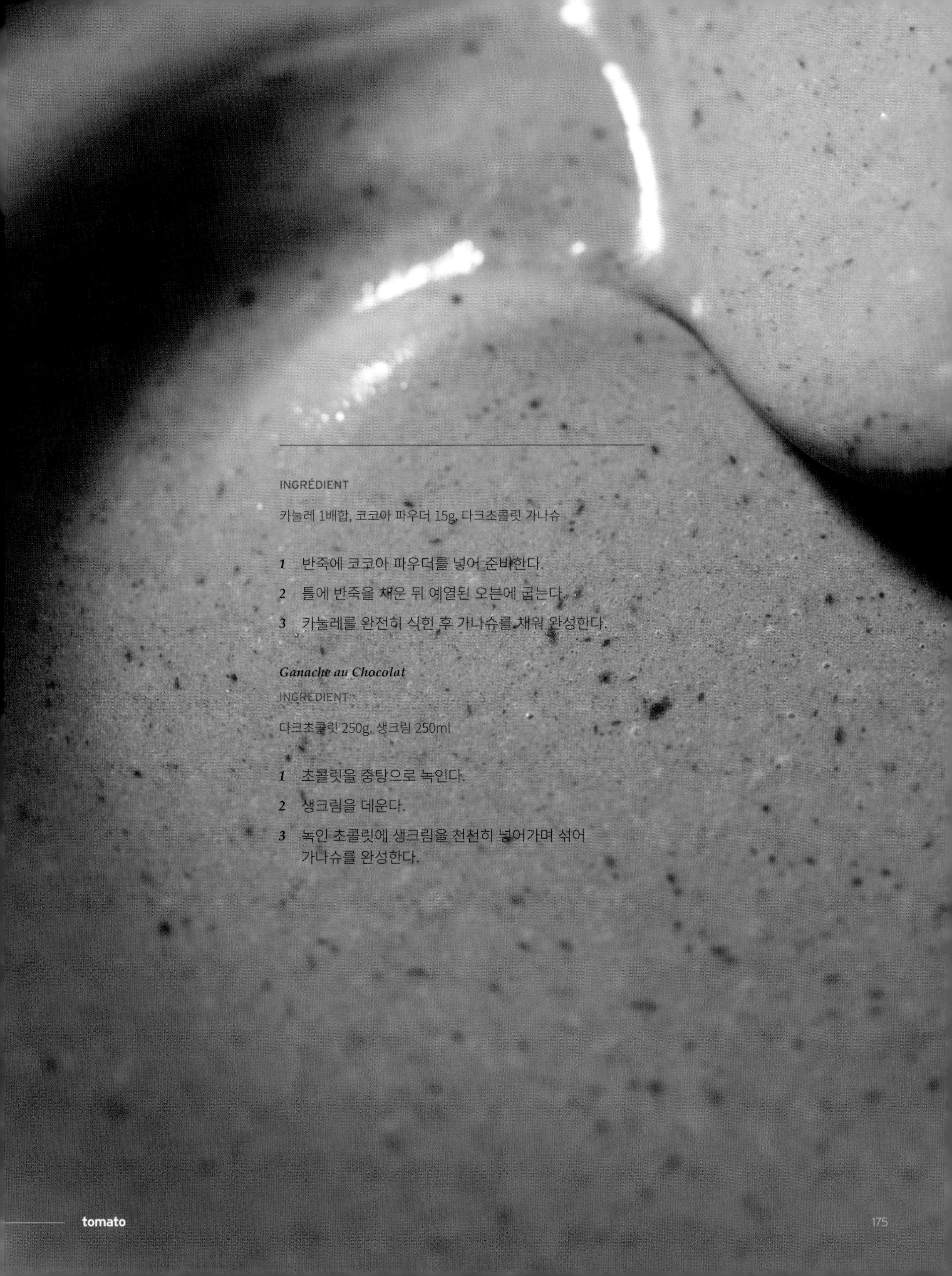

INGRÉDIENT

카눌레 1배합, 코코아 파우더 15g, 다크초콜릿 가나슈

1   반죽에 코코아 파우더를 넣어 준비한다.

2   틀에 반죽을 채운 뒤 예열된 오븐에 굽는다.

3   카눌레를 완전히 식힌 후 가나슈를 채워 완성한다.


*Ganache au Chocolat*

INGRÉDIENT

다크초콜릿 250g, 생크림 250ml


1   초콜릿을 중탕으로 녹인다.

2   생크림을 데운다.

3   녹인 초콜릿에 생크림을 천천히 넣어가며 섞어
    가나슈를 완성한다.

# Cannelé aux Haricots Azuki

## 팥 카눌레

INGRÉDIENT

카눌레 1배합, 팥앙금 50g, 녹차 파우더

1   틀에 팥앙금을 나누어 넣는다.

2   반죽을 채워 예열된 오븐에 굽는다.

3   카눌레를 완전히 식힌 후 녹차 파우더를 뿌려
    마무리한다.

INGRÉDIENT

카눌레 1배합, 오렌지 껍질, 오렌지 콩피

1   오렌지의 껍질을 얇게 벗긴 후 곱게 썬다.

2   반죽에 오렌지 껍질을 섞는다.

3   반죽을 틀에 채워 예열된 오븐에서 굽는다.

4   카눌레를 완전히 식힌 뒤 오렌지 콩피를 올린다.

*Confit d'Orange*

INGRÉDIENT

오렌지, 화이트 와인, 꿀

1   오렌지의 과육을 도려내 다이스로 썬다.

2   팬에 화이트 와인과 꿀을 함께 넣고 천천히 졸인다.
    오렌지 분량에 따라 와인과 꿀의 양을 가감하고 식감이
    살아 있게 익힌다.

Cannelé
à l'Orange
오렌지 카눌레

Cannelé
au Café
커피 카눌레

카눌레 1배합, 핸드드립 커피, Sirop de Café

1   핸드드립으로 진하게 내린 커피를 준비한다.

2   반죽에 커피를 섞고 틀에 채워 예열된 오븐에서 굽는다.

3   카눌레를 완전히 식힌 뒤 커피 시럽을 채워 완성한다.

### *Sirop de Café*
진하게 내린 커피에 적당량의 슈거 파우더를 넣고 졸인 시럽.

### 오리지널 카눌레

버터 50g, 우유 500ml,
바닐라에센스 8g, 달걀노른자 50g,
설탕 250g, 중력분 150g, 럼 25ml

### 앉은뱅이 통밀 카눌레

버터 50g, 우유 500ml,
바닐라에센스 8g, 달걀노른자
50g, 설탕 250g, 앉은뱅이
통밀가루 150g, 럼 25ml

### 황설탕 카눌레

버터 50g, 우유 500ml, 바닐라에센스
6g, 달걀노른자 50g, 황설탕 250g,
중력분 150g, 럼 25ml

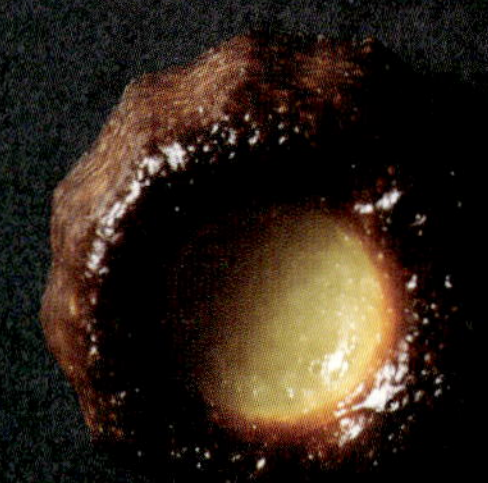

### 강력분&박력분 카눌레

버터 50g, 우유 500ml,
바닐라에센스 8g, 달걀노른자 50g,
설탕 250g, 강력분 70g, 박력분 80g,
럼 25ml

새로운 시도
-재료별 비교 테스트

# Essayer

# 맛은 혀가 느끼지만
# 기억은 뇌가 한다.

혀는 감각의 수단으로 기억을 하지 않으며
기억은 저장과 판단일 뿐 맛을 느끼지 않는다.

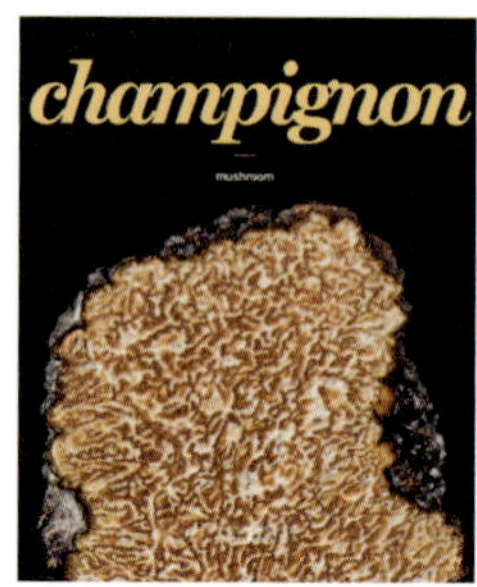

**Vol 2**
*champignon* : mushroom

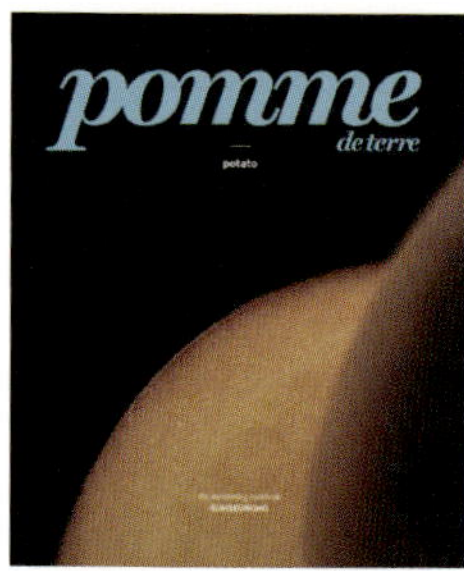

**Vol 3**
*pomme de terre* : potato

**Vol 4**
*fromage* : cheese


the mentoring cookbook
**tomate : tomato** *by* **SUHSEUNGHO**

초판 1쇄 발행 2019년 9월 1일
초판 2쇄 발행 2020년 11월 15일

**지은이**　　서승호
**펴낸곳**　　아이엔지 커뮤니케이션즈

**편집**　　아이엔지북스 편집부
**디자인**　　김성은
**사진**　　studio_ing
**교열**　　조진숙
**인쇄**　　(주)동양인쇄

**주소**　　서울특별시 중구 장충단로 13길 20, 13층

**홈페이지**　　www.ingbooks.kr
**이메일**　　ing@ingbooks.kr
**전화**　　02-6953-4439

**ISBN**　　979-11-966929-8-8 (03590)

*REMERCIMENTS*

시작하고 마무리할 때까지 수많은 인연과 기억이 스쳐갑니다.
요리에 애정을 쏟을 수 있도록 옆에서 영감을 주신 최주락 교수님과
Patrick Terian, Michel Hache, Gorsy Jean-Marc.
또 말없이 응원하고 지켜봐주신
Joël Robuchon과 Bernard Loiseau.
원고 집필과 사진 촬영으로 마지막까지 음식에 대한
진심과 열정을 아낌없이 담아내는 기쁨을 함께한
아이엔지북스 편집부와 레스토랑의 팀장 주연씨.

우리 모두가 있어서 한 권의 책이 만들어졌고
그 맛을 나눌 수 있게 되었습니다.


고맙습니다.